Peter Borsch
Hermann-Josef Wagner

Energie und Umweltbelastung

Springer-Verlag
Berlin Heidelberg New York
London Paris Tokyo
Hong Kong Barcelona
Budapest

Mit 47 Abbildungen

ISBN 3-540-55623-0
Springer-Verlag Berlin Heidelberg New York

Printed in Germany

Redaktion: Sybille Siegmund, Ilse Wittig, Heidelberg
Umschlaggestaltung: Bayerl & Ost, Frankfurt, unter Verwendung einer Illustration von Klaus Staeck. © VG Bild-Kunst, Bonn, 1992
Innengestaltung: Andreas Gösling, Bärbel Wehner, Heidelberg
Herstellung: Andreas Gösling, Heidelberg
Satz: Daten-Konvertierung durch Springer-Verlag
Druck: Druckhaus Beltz, Hemsbach
Bindearbeiten: J. Schäffer GmbH & Co. KG, Grünstadt
60/3130 - 5 4 3 2 1 0 – Gedruckt auf säurefreiem Papier

Für unsere Kinder

Christine
Nadine und Christian

Vorwort

Kein Tag vergeht ohne Meldungen in der Tagespresse über Umweltbelastungen. Fast keine Ausgabe von energietechnischen und energiewirtschaftlichen Fachzeitschriften erscheint mehr ohne Beiträge zu speziellen umwelttechnischen Verfahren, zu umweltpolitischen Entscheidungen, die einzelne Detailprobleme betreffen, und zu ihren Folgen.

Was fehlt, ist eine sachbezogene fachübergreifende Darstellung der Fakten, die eine vergleichende Einordnung von einzelnen Problemen ermöglicht. Diese Lücke wollen wir mit diesem Buch füllen. Der Anfang geht bis in die siebziger Jahre zurück, als wir für eine Informationsveranstaltung erstmals unter dem Titel »Energie und Umwelt« einen Überblick erarbeiteten. Damals standen die Umweltbelastungen der Stromerzeugung mit Kohle und Kernenergie im Vordergrund. Dies hat sich inzwischen erheblich geändert – das Spektrum der Fragen ist breiter, tiefer und angemessener geworden.

Auch dieses Buch ist nicht vollständig. Die wesentlichen Umweltbelastungen durch die Energienutzung entstehen direkt durch Luftschadstoffe sowie indirekt durch die Freisetzung größerer Mengen von »Spurengasen«, die das Klima der Erde verändern können. Diese beiden Komplexe werden deshalb ausführlich dargestellt. Weniger wichtige Umwelteinflüsse – wie Wasser-

und Bodenbelastung – werden nur am Rande behandelt; die Lärmbelastung sehen wir eher als ein Problem des Straßenverkehrs an. Auch auf die Diskussion über die möglichen Risiken elektromagnetischer Felder konnte hier nicht eingegangen werden.

Vor allem aber konnten wir nicht eingehen auf den Nutzen der Energie für die Industriegesellschaft und für jeden einzelnen – den Leser inbegriffen. Nutzen ist leider nicht in Zahlen faßbar wie die Tonnen freigesetzter Schadstoffe durch die Energieumwandlung. Selbst die Folgen nichtvorhandener Energie sind nicht quantifizierbar und können deshalb nicht dem Zahlengerüst der Umweltbelastung durch Energienutzung in einem quantitativen Vergleich gegenübergestellt werden. Wir bitten deshalb den Leser, den Gedanken des Nutzens von Energie beim Lesen im Hinterkopf zu behalten.

Dieses Buch zu schreiben war nur möglich durch die Mithilfe insbesondere von Frau W. Beyss und Frau M. Bischoff, Frau W. Freier-Linder sowie der Herren E. Stute, U. Stegelmann und Dr. P. Markewitz. Bei ihnen bedanken wir uns für die Schreibarbeiten, das Anfertigen der Tabellen und Abbildungen sowie für kritische Anmerkungen zu dem einen oder anderen Themenbereich.

Ein besonderer Dank gilt allen Teilnehmern, die in unseren Seminaren oder Vorlesungen zu diesem Thema mit uns diskutiert haben. Von ihnen haben wir erfahren, was wir fachübergreifend darstellen müssen.

Peter Borsch und Hermann-Josef Wagner

Inhaltsverzeichnis

1 Einleitung

Als die Frühmenschen vor mehr als 500 000 Jahren in gemäßigte und kühlere Breiten vordrangen, konnten sie nur überleben, weil sie das Feuer hatten. Mit den ersten Feuern begannen auch die Umweltauswirkungen, die stets mit der Energienutzung verbunden sind. Damals war die Zahl der Menschen jedoch so gering, daß von einer Beeinträchtigung der Umwelt durch die Rauchgase keine Rede sein kann; in den Wohnhöhlen dürften die Rauchgase jedoch zu Gesundheitsschäden bei den Bewohnern geführt haben.

Das Feuerholz lieferte Wärmeenergie, für mechanische Energie stand lange Zeit nur menschliche Arbeitskraft zur Verfügung. Erst vor einigen tausend Jahren begann in den orientalischen Hochkulturen die Nutzung tierischer Arbeitskraft. Dann lernte man auch Wasser- und Windkraft zu nutzen, um mechanische Arbeit zu verrichten, zunächst zum Heben von Wasser. Später erlangte die Nutzung der Windkraft zum Antrieb von Segelschiffen große Bedeutung. Aber Holz blieb bis zum Beginn des Industriezeitalters eine der Zentralressourcen der Menschheit, nicht nur als Energiequelle, sondern auch als Werkstoff. Oft war der Holzbedarf größer als die nachwachsende Holzmenge, und das hatte Raubbau zur Folge, mit Erosionsschäden, die man heute rund um das Mittelmeer beobachten kann. In Europa nahm im 18. Jahrhundert der Holzeinschlag so stark zu, daß Holz knapp und teuer wurde. Der Übergang zur Kohle, in Verbindung mit der Dampfmaschine, brachte Entlastung, so daß die Kahlschläge wieder aufgeforstet werden konnten.

Mit der Dampfmaschine wurde es erstmals möglich, Wärmeenergie zum Teil in mechanische Energie umzuwandeln. Seit etwa hundert Jahren wird aus mechanischer Energie meist elektrische Energie erzeugt, die leichter verteilt werden kann und ohne nennenswerte Umweltbelastungen in alle anderen Energieformen umgewandelt werden kann.

In manchen Ländern der Dritten Welt ist die Situation ähnlich wie in Deutschland Ende des 18. Jahrhunderts: Holz ist dort noch die wichtigste Energiequelle, und die Wälder werden abgeholzt, weil für andere Energieträger nicht genug Geld zur Verfügung steht.

Gegenwärtig leben auf der Erde fast 6 Milliarden Menschen. Zwar steigt der Verbrauch an Kohle immer noch, gegen Ende der 60er Jahre wurde sie jedoch vom Erdöl überflügelt. Seit der Mitte dieses Jahrhunderts sind Erdgas und Kernenergie als bedeutende Energieträger dazugekommen. Vielfältig wie die Energieträger sind inzwischen auch die Umweltbelastungen. In Gegenden mit hohen Bevölkerungsdichten sind die aus dem Energieumsatz resultierenden Umweltweltbelastungen oft massiv, besonders dort, wo Kapital und Technik fehlen, um sie zu reduzieren.

In den alten Bundesländern wurden in den vergangenen Jahren die Umweltbelastungen aus der Energienutzung besonders bei den Großfeuerungsanlagen – das sind vor allem Kohlekraftwerke und große Industriefeuerungen – beträchtlich reduziert; bescheidener sind hingegen die Erfolge im Verkehrssektor. In den neuen

Bundesländern besteht bekanntlich in allen Bereichen ein großer Nachholbedarf beim Umweltschutz.

Im folgenden wird zunächst ein Überblick über den Energieverbrauch und die einzelnen Stationen der Energieumwandlung in Deutschland gegeben. Er dient als Zahlengerüst zur quantitativen Verdeutlichung der mit der Energieumwandlung und Energienutzung verbundenen Umweltprobleme. Diese werden im 3. und 4. Kapitel dargestellt, und der gegenwärtige Stand der Kenntnisse ihrer Wirkungen wird erläutert. Im Anschluß daran werden die rechtlichen und technischen Maßnahmen zur Verringerung der Umweltbelastungen dargestellt. Wenn Schadstoffe zurückgehalten werden, entstehen Abfälle und damit neue Stoffströme. Das Kapitel 5 gibt eine Übersicht über diese Stoffströme. Das 6. Kapitel befaßt sich mit den Gefahren für das weltweite Klima durch Verbrennung fossiler Rohstoffe. Umweltschäden hat im allgemeinen die Gesellschaft zu tragen. Seit einigen Jahren gibt es Versuche, die dadurch entstehenden »externen Kosten« zu ermitteln. Über den gegenwärtigen Stand dieser Untersuchungen, soweit sie die Energienutzung betreffen, berichtet das Kapitel 7. Im 8. Kapitel werden die Umweltbelastungen verschiedener Energieträger gegenübergestellt.

2 Energieumwandlung und Umweltbelastung

Energieumwandlung

Von der Primär- zur Nutzenergie: Energieketten

Energie ist die Fähigkeit eines Systems, Arbeit zu leisten. Dabei kann Energie von einem System auf ein anderes auf drei Arten übertragen werden:

- durch Verrichten von (mechanischer) Arbeit (z. B. Riemenantrieb,
- durch Wärmeaustausch (z. B. beim Dampfkessel),
- durch elektromagnetische Felder (z. B. im Elektromotor).

Energie kann in vielen Formen auftreten und genutzt werden:

- potentielle Energie (genutzt z. B. im Wasserkraftwerk)
- kinetische Energie (z. B. Wind)
- chemische Energie (z. B. die in der Kohle gespeicherte Energie)

- thermische Energie (z. B. die Wärme bei der Kohleverbrennung)
- elektrische Energie (elektrischer Strom)
- elektromagnetische Energie (z. B. Mikrowelle)
- nukleare Energie (Kernspaltung, Kernfusion).

Energie kann, physikalisch gesehen, weder erzeugt noch verbraucht werden; sie kann jedoch von einer Energieform in eine andere umgewandelt werden. Dabei sind von besonderer praktischer Bedeutung die thermische und die elektrische Energie.

Der größte Teil des Energiebedarfs der Menschen wird durch Energieträger gedeckt, die verbrannt werden und dabei Wärme erzeugen. In vielen Fällen wird jedoch kinetische Energie (zum Antrieb von Maschinen) benötigt, die aus thermischer Energie nicht ganz einfach gewonnen werden kann. (Deshalb wurde das erste brauchbare Verfahren für diese Umwandlung erst ziemlich spät in der Technikgeschichte entwickelt). Bei diesem thermodynamischen Prozeß, wie er etwa in der Dampfmaschine oder einem modernen Dampfkraftwerk abläuft, kann nach dem zweiten Hauptsatz der Wärmelehre immer nur ein Teil der Wärmeenergie in mechanische Energie umgewandelt werden, und dieser Anteil – beschrieben durch den Wirkungsgrad – ist um so großer, je höher die obere Prozeßtemperatur ist und je niedriger die untere. Die obere Prozeßtemperatur ist im allgemeinen durch die Materialeigenschaften der Anlage begrenzt, die untere durch die Umgebungstemperatur.

Die nicht umgewandelte Wärmeenergie muß als Abwärme an die Umgebung abgeführt werden, wenn man sie nicht mehr – beispielsweise für Heizzwecke – nutzen kann.

In Kraftwerken wird mit der kinetischen Energie der Dampfturbine ein Generator angetrieben, der kineti-

Der Wirkungsgrad

Der theoretische Umwandlungsgrad η bei der Umwandlung von Wärmeenergie in kinetische Energie ergibt sich zu

$$\eta = \frac{To - Tu}{To}$$

Dabei ist To die obere, Tu die untere Prozeßtemperatur in Kelvin. Auf der Celsius-Temperaturskala mit den Temperaturen t_o und t_u (mit t = T + 273) heißt es

$$\eta = \frac{t_o - t_u}{t_o + 273}$$

Bei einem Dampfprozeß mit t_o = 500 °C Eintrittstemperatur an der Turbine und t_u = 30 °C erhält man z. B.

$$\eta = \frac{500 - 30}{500 + 273} = \frac{470}{773} = 0{,}61 \text{ bzw. } 61\ \%$$

Dieser theoretische Wirkungsgrad ist in der Praxis nicht zu erreichen; wegen der Reibungsverluste und der Wärmeverluste in die Umgebung ist der reale Wirkungsgrad deutlich niedriger, bei modernen Dampfkraftwerken mit den Temperaturen des Rechenbeispiels gut 40 %.

sche Energie in elektrische Energie umwandelt. Elektrische Energie ist sehr hochwertig, weil sie ohne große Verluste in alle anderen Energieformen umgewandelt werden kann; überdies ist sie durch metallische Leiter leicht transportierbar.

Obwohl Energie nicht »erzeugt« oder »verbraucht« werden kann, wird in der Energiewirtschaft von Energieerzeugung und -verbrauch gesprochen. Wirtschaftlich handelt es sich dabei in der Tat um die Beziehungen zwischen Produzenten und Konsumenten. Auch in diesem Text werden diese Begriffe so verwendet.

Die Energien, die der Mensch nutzt, stammen aus *Primärenergieträgern,* das sind die in der Natur vorkommenden Energieträger: die fossilen Energieträger Steinkohle, Braunkohle, Erdöl, Erdgas; die Kernbrennstoffe Uran und Thorium sowie die erneuerbaren Energien Holz oder andere Biomasse, Sonnenstrahlung, Wind, Wasserkraft, Erdwärme, Gezeitenenergie. Diese Primärenergieträger können in der vorliegenden Form in den meisten Fällen nicht direkt technisch genutzt werden. Deshalb werden sie zum großen Teil in *Sekundärenergieträger* umgewandelt (Abb. 1), dies sind beispielsweise Koks, Briketts, Heizöl, Benzin, Strom, Fernwärme. Sekundärenergieträger wie Heizöl und Benzine sind hinsichtlich ihrer chemischen, der elektrische Strom hinsichtlich seiner physikalischen Eigenschaften genormt. (In Einzelfällen werden auch Sekundärenergieträger weiter umgewandelt, z. B. wird schweres Heizöl auch zur Stromerzeugung eingesetzt.)

Die Sekundärenergien werden zu den »Verbrauchern« transportiert und von ihnen genutzt. In den Energiestatistiken werden sie in diesem Fall als Endenergieträger bezeichnet.

Die Verbraucher – Haushalte, Kleinverbraucher, Industrie, Verkehr – benötigen letztlich *Nutzenergie* in Form von Raumwärme, warmem Wasser, einer heißen Herdplatte, Licht, Kälteleistung von Kühlgeräten, mechanische Antriebskraft von Motoren, Schall usw.

Bei jeder Umwandlung treten technisch und zum Teil auch physikalisch bedingte »Verluste« auf, so daß von der eingesetzten Primärenergie in Deutschland bei den gegenwärtigen Techniken im Mittel nur rund ein Drittel der Primärenergie als Nutzenergie übrigbleibt.

Der eigentliche Motor der Energienutzung sind Menschen mit ihren Bedürfnissen nach Nahrung, warmen Räumen und Komfort, deren Umfang vom Lebensstandard und der wirtschaftlichen Tätigkeit abhängt. Diese Größen bestimmen die sogenannten energieverbrauchsbestimmenden Faktoren, wie zum Beispiel

- die Flächen der auf ein bestimmtes Temperaturniveau zu beheizenden Räume,
- die Fortbewegung mit einer bestimmten Geschwindigkeit von einem Ort zum anderen,
- die Helligkeit und Größe von Flächen, die beleuchtet werden sollen,
- die Mengen von zu erschmelzendem Aluminium, Eisen, Kupfer usw.

Die Betrachtung der Energieketten läßt bereits an dieser Stelle zwei wesentliche Handlungsmöglichkeiten zur Minderung der energiebedingten Umwelteinflüsse erkennen:

- Durch eine Verringerung der energienachfragebestimmenden Faktoren – wie beispielsweise die Reduzierung der Raumtemperaturen, weniger gefahrene Kilometer oder weniger Quadratmeter zu beheizende Fläche - kann durch die kleinere benötigte Energiemenge auf allen Ebenen die damit verbundene Umweltbelastung reduziert werden.
- Die Technik bietet unterschiedliche Ketten zur Befriedigung des gleichen Nutzenergiebedarfs an. Beispielsweise kann die gleiche Raumwärme

Abb. 1. Wege der Energie. Von den Faktoren, die die Energienachfrage bestimmen, bis zur Primärenergie. ▶

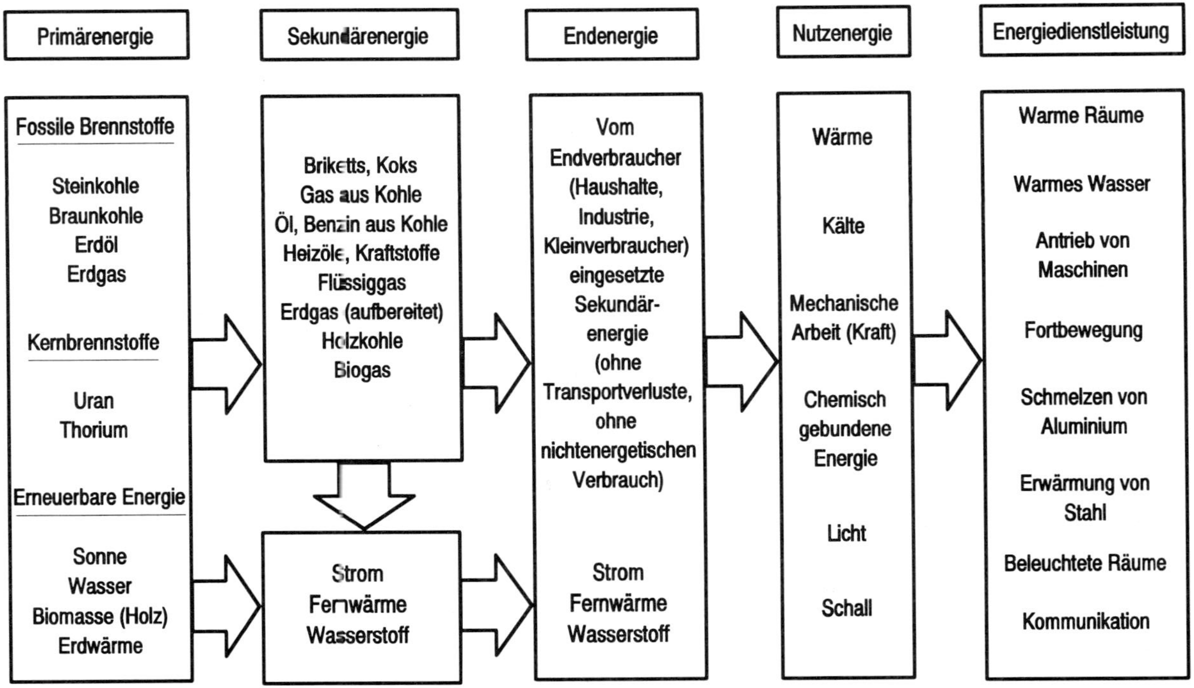
Primärenergie
Sekundärenergie
Endenergie
Nutzenergie
Energiedienstleistung
Fossile Brennstoffe
Steinkohle
Braunkohle
Erdöl
Erdgas
Kernbrennstoffe
Uran
Thorium
Erneuerbare Energie
Sonne
Wasser
Biomasse (Holz)
Erdwärme
Briketts, Koks
Gas aus Kohle
Öl, Benzin aus Kohle
Heizöle, Kraftstoffe
Flüssiggas
Erdgas (aufbereitet)
Holzkohle
Biogas
Strom
Fernwärme
Wasserstoff
Vom Endverbraucher (Haushalte, Industrie, Kleinverbraucher) eingesetzte Sekundär-energie (ohne Transportverluste, ohne nichtenergetischen Verbrauch)
Strom
Fernwärme
Wasserstoff
Wärme
Kälte
Mechanische Arbeit (Kraft)
Chemisch gebundene Energie
Licht
Schall
Warme Räume
Warmes Wasser
Antrieb von Maschinen
Fortbewegung
Schmelzen von Aluminium
Erwärmung von Stahl
Beleuchtete Räume
Kommunikation

als Nutzenergie entweder durch Elektrospeicherheizung mit Strom aus einem Braunkohlenkraftwerk (Energiekette: Braunkohle - Strom - Raumwärme) oder durch Gaseinzelheizung (Energiekette: Naturgas - Erdgas - Raumwärme) geliefert werden. Die Energieverluste sind im zweiten Fall geringer als im ersten.

Auch bestehen Möglichkeiten, bei gleichen nachfragebestimmenden Faktoren den Nutzenergiebedarf in unterschiedlicher Höhe zu befriedigen. Dies gilt insbesondere für Raumwärme und Kälte, wo schlechtere oder bessere Wärmedämmung den Wärmeab- und -zufluß vergrößern oder vermindern, so daß unterschiedlicher Nutzenergiebedarf erforderlich ist, um die gewünschten Quadratmeter bei einem vorgegebenen Temperaturniveau zu erwärmen bzw. zu kühlen.

Energieeinheiten

In der Energiewirtschaft und Energietechnik sind eine Vielzahl von Energieeinheiten gebräuchlich, die den Vergleich unterschiedlicher Angaben über Energieverbrauch, Energiebedarf und Art des verwendeten Energieträgers sehr häufig erschweren. Aus diesem Grunde enthält Tabelle 1 die häufig verwendeten Einheiten, Vorsätze und Umrechnungsfaktoren.

Obwohl für die Bundesrepublik Deutschland seit 1978 als gesetzliche Einheit für Energie verbindlich das Joule (J) und die davon abgeleitete Kilowattstunde (kWh) gelten, werden in der Praxis wegen ihrer guten Anschaulichkeit noch sehr häufig die Einheiten Steinkohleneinheit (SKE) und Rohölenergie (RÖE) verwendet, also jeweils soviel Energie, wie beispielsweise in einer Tonne Steinkohle bzw. Rohöl enthalten ist. In der

Tabelle 1: Zur Umrechnung von Energieeinheiten (Abkürzungen siehe Text).

Vorsätze und Vorzeichen

Zenti	c	10^{-2}	ein Hundertstel
Milli	m	10^{-3}	ein Tausendstel
Micro	µ	10^{-6}	ein Millionstel
Nano	n	10^{-9}	ein Milliardstel
Kilo	k	10^{3}	Tausend
Mega	M	10^{6}	Million
Giga	G	10^{9}	Milliarde
Tera	T	10^{12}	Billion
Peta	P	10^{15}	Billiarde
Exa	E	10^{18}	Trillion

Umrechnungsfaktoren

Einheit	kJ	kWh	kg SKE	kg RÖE
1 kJ		0,000278		
1 kWh	3 600		0,123	0,086
1 kg SKE	29 308	8,14		0,7
1 kg RÖE	41 868	11,63	1,429	

1 MWa	8,76 Mio kWh
1 Mio t SKE	29,308 PJ
1 Mio t RÖE	41,868 PJ
Öl-Barrel (b)	1 b = 159 l
	7 b = 1 t
	1 Mio b/d = 50 Mio t/a

Ölwirtschaft wird weltweit auch noch mit dem Barrel (»Ölfaß«) gerechnet.

Die gesetzlich vorgeschriebene Einheit für die Leistung ist das Watt. Die Leistung von Kraftwerken wird in Megawatt (MW) angegeben. Bei Wärmekraftwerken unterscheidet man zwischen der thermischen Leistung, die dem Energieinhalt des Dampfes beim Eintritt in die Turbine entspricht, und der elektrischen Leistung, die vom Generator abgegeben wird. Zur Bezeichnung dieser beiden Leistungsangaben werden die Einheiten MW_{th} und MW_e verwendet.

Für die Bezeichnung der (elektrischen) Energiemenge (Arbeit) benutzt man neben der Kilowattstunde (kWh) auch das Megawattjahr (MWa).

Um die einzelnen Energieträger hinsichtlich ihres Energieinhaltes vergleichbar zu machen, müssen Vereinbarungen getroffen werden. Relativ einfach ist die Festlegung des Energieinhaltes oder des nutzbaren Energieinhaltes von fossilen Primärenergieträgern über ihre chemische Brennstoffanalyse (»Heizwert« oder »Brennwert«). Schwieriger ist dagegen die Definition des Primärenergieinhaltes von Uran und Thorium sowie von Wasserkraft, Biomasse und Erdwärme, da ihr Energieinhalt nicht eindeutig definierbar ist und sehr von der zur Energieumwandlung verwendeten Technik abhängt. Für diesen Fall haben sich national und international zwei unterschiedliche Wege der Bewertung in der Statistik eingeführt:

- Der international am häufigsten verwendete Weg ist der, diesen Energieträgern die gleiche Primärenergiemenge zuzuordnen, die bei Verwendung einer bestimmten Technik als Sekundärenergie zur Verfügung steht. Zum Beispiel wird als Primärenergie des Wassers die Energie angesetzt, die als Sekundärenergieträger Strom aus der Wasserkraft erzeugt wurde.
- In der deutschen Statistik werden dagegen die genannten Energieträger mit sogenannten Primärenergie-Äquivalenten bewertet. Dies meint, daß ihnen der gleiche Primärenergieinhalt zugeordnet

wird, der aufgewendet werden müßte, um die bereitgestellte Sekundärenergie mit fossilen Energieträgern zu erzeugen. Zum Beispiel wird der Primärenergieinhalt von Uran so angesetzt wie die Menge Steinkohle, die zur Erzeugung der gleichen Elektrizitätsmenge aufgewendet werden müßte.

Die erste Betrachtungsweise orientiert sich mehr an den physikalischen Energieflüssen. Die zweite Betrachtungsweise bedient sich einer mehr energiewirtschaftlichen Sichtweise für eine Energieversorgung, die überwiegend auf fossilen Energieträgern beruht.

In diesem Buch wird entsprechend der Vorgehensweise in der deutschen Statistik die primärenergetische Bewertung angewendet.

Energienutzung in Deutschland

Deutschland in den neuen Grenzen ist hinsichtlich seiner Energieversorgung nicht unabhängig vom Geschehen auf dem Weltenergiemarkt. Es verfügt an Primärenergieträgern nur über bedeutsame Steinkohle- und Braunkohlevorkommen sowie über nicht mehr erweiterungsfähige Gasreserven. Die Wasserkraftreserven sind weitgehend ausgenutzt und das Angebot an Sonnen- und Windenergie ist im internationalen Vergleich eher gering. Zur Deckung seines Energiebedarfs ist es deshalb besonders bei den Kohlenwasserstoffen (Erdöl, Naturgas) sowie beim Uran auf Energieimporte angewiesen. So wurde beispielsweise im Jahr 1990 die Hälfte aller verwendeten Primärenergie importiert. Dieses Verhältnis wird sich zukünftig noch zugunsten der Importe verändern. Aus politischen Gründen und aus Mangel an Devisen legte die frühere DDR Wert darauf, möglichst wenig

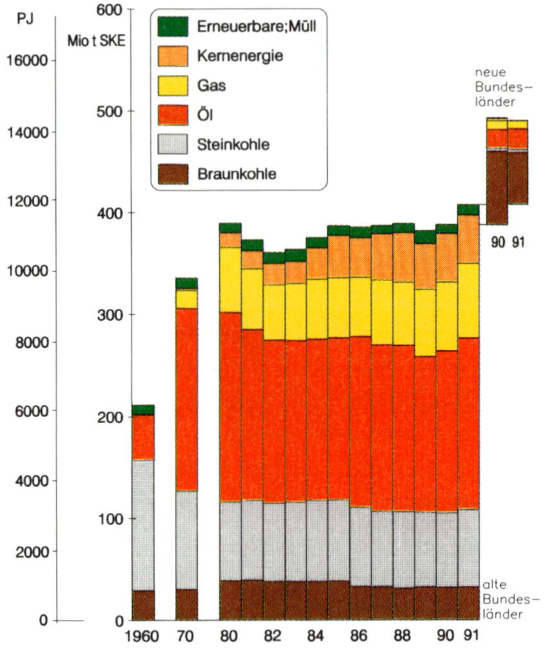

Abb. 2. Entwicklung des Primärenergieverbrauchs in Deutschland.

Importenergien zu nutzen. So wurde ihre Energieversorgung wesentlich auf der heimischen Braunkohle aufgebaut, die zukünftig aber – auch aus Gründen der Emissionsreduzierung – zurückgefahren werden soll. Hinzu kommt, daß die einheimischen Erdgasreserven begrenzt sind, so daß nach dem Jahr 2000 ein Anstieg des Anteils der Importenergien auf etwa 60 % erwartet wird, auf den Wert, der auch für die alten Bundesländer galt.

Der Primärenergieverbrauch in den alten Bundesländern nahm von 1950 bis zur ersten Ölpreiskrise 1973 kontinuierlich zu (Abb. 2). Als Folge des Abflachens der wirtschaftlichen Konjunktur ging der Primärenergieverbrauch danach zunächst für wenige Jahre zurück, um dann erneut bis 1979 anzusteigen. Infolge der zweiten Ölpreiskrise und der damit verbundenen erheblichen Verteuerung der Energie für alle Verbrauchergruppen ließen die eingeleiteten und neu ergriffenen Maßnahmen zur Energieeinsparung und zur rationelleren Energieverwendung den Primärenergieverbrauch bei knapp 12 000 PJ (ca. 390 Mio t SKE) stagnieren.

Durch die Wiedervereinigung erhöhte sich der Energieverbrauch statistisch zunächst im Jahre 1990 auf ca. 15 000 PJ (ca. 500 Mio t SKE). Infolge der Umstrukturierung der Wirtschaft in den neuen Bundesländern verringerte sich der Primärenergieverbrauch im Jahre 1991 in den neuen Bundesländern und nahm dagegen in den alten Bundesländern zu.

Eine im März 1992 veröffentlichte Untersuchung der PROGNOS AG, Basel, zur energiewirtschaftlichen Entwicklung in Deutschland bis zum Jahre 2010 (im Auftrag des Bundesministeriums für Wirtschaft) kommt zu dem Ergebnis, daß sich der Primärenergieverbrauch bis 2010 nicht mehr nennenswert verändern wird, trotz des unterstellten Wirtschaftswachstums in dieser Zeitperiode.

Die Zusammensetzung des Primärenergieverbrauchs läßt fünf unterschiedliche Perioden erkennen. In den 50er Jahren wurde die Energieversorgung weitestgehend von der deutschen Steinkohle getragen. Zu Beginn der 60er Jahre wurde durch die Ausweitung des Verkehrs und die Einführung der Ölzentralheizungen die Energieversorgung in großem Maße auf Erdöl umgestellt. Fast 55 % des Primärenergieverbrauchs im Jahre 1973 wurden durch Erdöl gedeckt. In den 70er Jahren nahm dann – auch verstärkt durch die nach 1973 eingeleitete Politik des »weg vom Öl« – der Anteil des Erdgases wesentlich zu. In den 80er Jahren wurde die Kernenergie soweit ausgebaut, daß 1992 rund 12 % des Primärenergieverbrauchs der alten Bundesländer durch Kernenergie gedeckt wurden. Die letzte und noch nicht abgeschlossene Phase ist die des Übergangs im erweiterten Deutschland. Wie bereits ausgeführt, wird der in der früheren DDR aus politischen Gründen übergroße Anteil der Braunkohle zugunsten von Erdöl und Erdgas zurückgeführt. Aus Sicherheitserwägungen wurden die Kernkraftwerke in den neuen Bundesländern abgeschaltet und wegen derzeit nichtvorhandener Akzeptanz stellt sich die Frage, ob die Kernkraftwerke in den alten Bundesländern bei Ende ihrer technischen Lebensdauer nach dem Jahr 2000 durch neue ersetzt werden können. 1991 wurden Beschlüsse gefaßt, aus Kostengründen den Anteil der deutschen Steinkohle zu verringern, dagegen werden die Importkohlemengen zunehmen.

Die unterschiedlichen Verbrauchsstrukturen in den alten und neuen Bundesländern treten bei der Betrachtung des Endenergieverbrauchs des Jahres 1989 (Abb. 3) besonders deutlich hervor. Während in den alten Bundesländern der Verkehr mit knapp 30 % am Endenergieverbrauch beteiligt war, waren es in den neuen Bundesländern im gleichen Jahr dagegen nur gut 11 %. Auffallend hoch ist dort auch der Anteil von Braunkohle für Heizzwecke bei den Haushalten und bei den Kleinverbrauchern (z. B. Verwaltungsgebäude, Schulen, Geschäfte).

Der Vergleich der Zahlen für den Primärenergieverbrauch und für den gesamten Endenergieverbrauch in den Abbildungen 2 und 3 läßt erkennen, daß nur rund zwei Drittel der eingesetzten Primärenergie als Endenergieverbrauch statistisch ausgewiesen werden. Ursache sind die thermodynamisch bedingten großen Energieverluste bei der Erzeugung von Strom. Der Energiefluß für die alten Bundesländer des Jahres 1987 (Abb. 4) weist diese Zusammenhänge mehr im Detail aus. Neben den

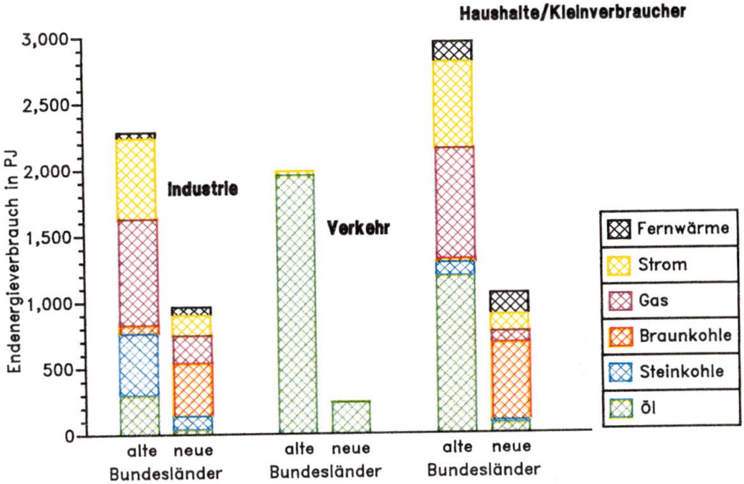

Abb. 3. Endenergieverbrauch in den alten und neuen Bundesländern 1989 nach Energieträgern und Sektoren.

angesprochenen Verlusten wird bei der Energieumwandlung selbst Energie zur Erwärmung (z. B. in Raffinerien) und zum Transport (z. B. Strom) benötigt. Ein Teil der Sekundärenergieträger wird in der Chemie als sogenannter nichtenergetischer Verbrauch zur Herstellung verschiedener Produkte, wie beispielsweise Kunststoffe, verwendet. Nur rund die Hälfte der Endenergie kann wiederum beim Verbraucher in Nutzenergie überführt werden, so daß von der eingesetzten Primärenergie derzeit nur rund ein Drittel auch als Nutzenergie ankommt. Dieser gering erscheinende Anteil erklärt sich neben den Verlusten im Energiesektor aus den geringen Nutzungsgraden einzelner Energietechniken. Einige Beispiele sollen dies veranschaulichen: Trotz der erheblichen Fortschritte in der Motorentwicklung für Kraftfahrzeuge wird bestenfalls ein Drittel des Energieinhaltes der verbrannten Treibstoffmenge als mechanische Antriebs-

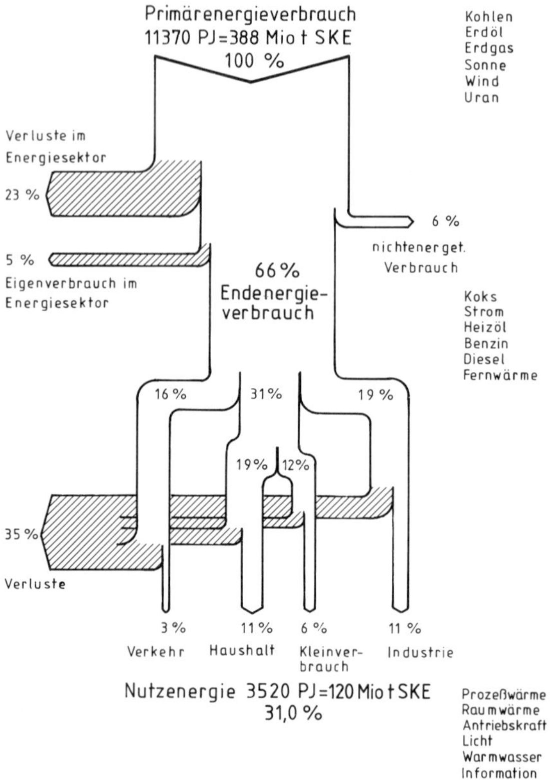

Abb. 4. Energiefluß in den alten Bundesländern 1987 (nach einer Untersuchung am Institut für Energiewirtschaft und Kraftwerkstechnik der Technischen Universität München).

energie an den Rädern verwendet. Neuere Beleuchtungskörper nutzen bis zu 40 % der eingesetzten elektrischen Energie als Licht, die übliche Glühlampe dagegen nur 5 %. Insbesondere Ende der 70er und in den 80er Jahren wurden erhebliche Anstrengungen zur Verbesserung der Umwandlungsgrade vorgenommen. Neue Heizungsanlagen in Ein- und Zweifamilienhäusern weisen mittlerweile Nutzungsgrade bis zu 90 % auf. Der spezifische Stromverbrauch von Waschmaschinen und Kühlgeräten nahm kontinuierlich ab, die Anzahl der Geräte dagegen zu, so daß der Stromverbrauch für Waschen und Kühlen in absoluten Zahlen in etwa stagnierte.

Durch die Abwärmenutzungsverordnung wird die Effizienz der Energienutzung bei bestimmten industriellen Prozessen noch weiter erhöht werden.

Trotz dieser Anstrengungen muß berücksichtigt werden, daß es Grenzen für die Steigerung der Nutzungsgrade gibt, die auf physikalischen Gegebenheiten beruhen und/oder auch darauf, daß eine weitere Verringerung des spezifischen Energieeinsatzes zu unverhältnismäßig hohen Zusatzkosten führen würde.

Obwohl für die neuen Bundesländer kein vergleichbares Energieflußbild vorliegt, kann aufgrund des vorhandenen Gerätebestands davon ausgegangen werden, daß die Energieeffizienz nicht vergleichbar hoch wie in den alten Bundesländern ist. Zumindest bis zur Jahrhundertwende ist deshalb davon auszugehen, daß sich in Deutschland das Verhältnis zwischen Primärenergieverbrauch und Nutzenergie nicht gegenüber dem in Abb. 4 Gezeigten verbessern wird.

Rationelle Energieverwendung führt dazu, daß bei gleichem Nutzenergiebedarf die Verluste bei der Energieumwandlung verringert werden. Energieeinsparen bedeutet eine Verringerung des Nutzenergiebedarfs. Auch kann durch eine Veränderung des Endenergieträgermixes (z. B. weniger Strom und mehr Erdgas) eine Verschiebung der Relation zwischen Nutzenergie und Primärenergie erreicht werden.

Rund ein Drittel der Primärenergie wird in Kraft- und Heizwerken eingesetzt, um Strom und Fernwärme zu erzeugen. Zur übrigen Raumheizung und Warmwassererwärmung werden dagegen nur 25 %, für den Ver-

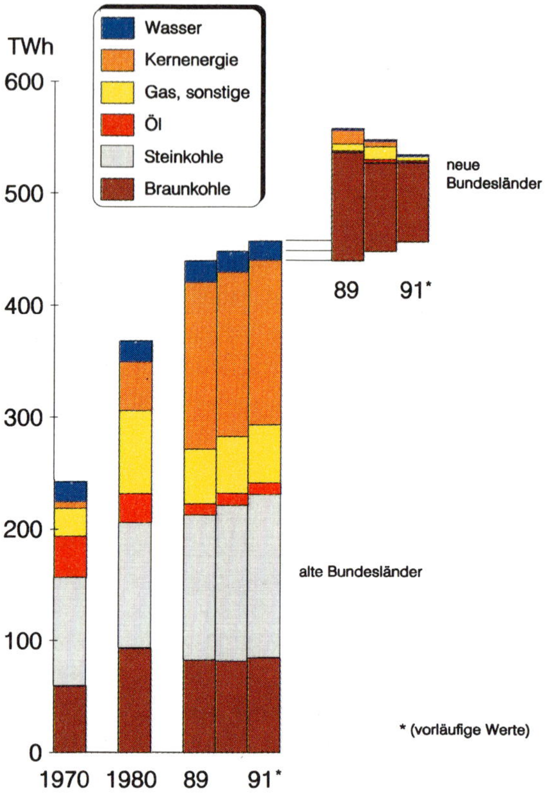

Abb. 5. Stromerzeugung in Deutschland nach Energieträgern unterteilt.

kehr 15 % und für industrielle Zwecke 25 % des Primärenergieeinsatzes verwendet. Diese Zahlen beziehen sich auf die Verhältnisse in den alten Bundesländern, dürften jedoch wegen der sich angleichenden Strukturen mittelfristig auch für Gesamtdeutschland gelten.

Wegen des hohen Anteils der Stromerzeugung am Primärenergieeinsatz, aber auch hinsichtlich der damit

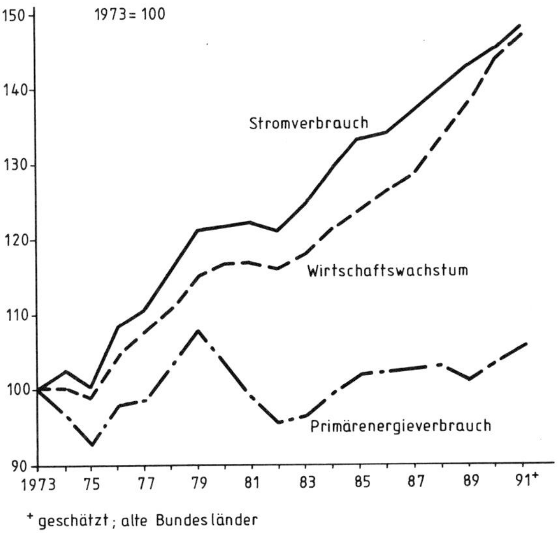

Abb. 6. Relative Entwicklung von Wirtschaftswachstum, Primärenergieverbrauch und Strombedarf in den alten Bundesländern seit 1973.

verbundenen Emissionen, wird in Abb. 5 die Stromerzeugung in den beiden Teilen Deutschlands, nach den verwendeten Primärenergieträgern unterteilt, detailliert dargestellt. Während in den alten Bundesländern die Stromerzeugung im wesentlichen auf der Nutzung der Kernenergie und der Kohle beruht, wurden in den neuen Bundesländern über 80 % des Strombedarfs aus Braunkohle erzeugt. Wasserkraft trägt mit rund 4 % zur Stromerzeugung bei. Windenergie und weitere erneuerbare Energien haben derzeit einen Anteil an der Stromerzeugung von weniger als 0,1 %.

Während sich bis zur ersten Ölpreiskrise im Jahre 1973 der Primärenergieverbrauch im gleichen Verhältnis wie das Wirtschaftswachstum verändert hat, führten die eingeleiteten Maßnahmen zur besseren Nutzung der

Energie, aber auch Verschiebungen im Bereich der industriellen Produktion, dazu, daß sich die Entwicklungen von Primärenergieverbrauch und Bruttosozialprodukt weitestgehend entkoppelt haben. Aus Abb. 6 geht hervor, daß lediglich der Stromverbrauch bisher in der gleichen Relation wie das Wirtschaftswachstum gestiegen ist. Ursache dafür ist zum einen der zunehmende Stromverbrauch bei den privaten Haushalten, zum anderen aber auch der durch Automatisierung ansteigende Stromverbrauch der Industrie, bei gleichzeitigem Rückgang des Verbrauchs an sonstigen Brennstoffen. Diese Entwicklung wird oftmals als »Entkopplung« von Wirtschaftswachstum und Primärenergieverbrauch bezeichnet.

Energienutzung weltweit

Der weltweite Primärenergieverbrauch stieg seit 1950 – auch im Vergleich mit früheren Jahren – erheblich an (Abb. 7). Nach der ersten Ölpreiserhöhung wuchs der Energieverbrauch etwas langsamer und ging nach 1979 für einige Jahre leicht zurück – wegen der durch die zweite Ölpreiserhöhung ausgelösten weltweiten Rezession. Seit 1984 ist wieder ein deutlicher Anstieg im Weltenergieverbrauch zu verzeichnen. Erdöl, Steinkohle und Erdgas decken zusammen fast 90 % des weltweiten Primärenergieverbrauchs.

Deutschland ist mit knapp 5 % am Weltprimärenergieverbrauch beteiligt.

Der Energieverbrauch ist ungleich zwischen den Industrie- und Entwicklungsländern verteilt. Rund drei Viertel des Weltprimärenergieverbrauchs wird von etwa einem Viertel der Weltbevölkerung in den Industrieländern benötigt, während die restlichen drei Viertel der Weltbevölkerung in den Entwicklungs- und Schwellenlän-

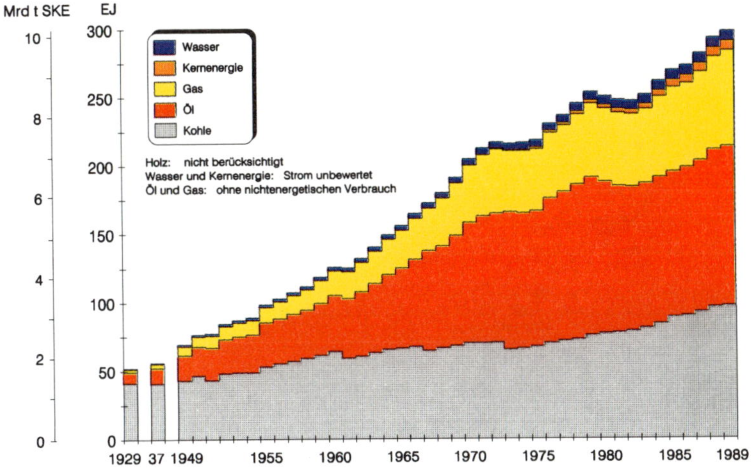

Abb. 7. Entwicklung des weltweiten Primärenergieverbrauchs (Holz als »Brennstoff der Armen« ist statistisch nicht erfaßt).

dern nur mit einem Viertel am Weltprimärenergieverbrauch beteiligt sind (Abb. 8). Der jährliche Pro-Kopf-Verbrauch in den Industrieländern beträgt im Mittel 200 GJ (6,9 t SKE), in den Entwicklungsländern dagegen 24 GJ (0,8 t SKE). Der Wert für die alten Bundesländer lag 1990 bei 181 GJ/Kopf (6,2 t SKE/Kopf) und für die neuen Bundesländer bei 202 GJ/Kopf (6,9 t SKE/Kopf).

Ein Teil des Energieverbrauchs in den Entwicklungsländern wird über Holz gedeckt, das nur teilweise erfaßt wird und deshalb in den Energiestatistiken geschätzt wird. Insbesondere in den Entwicklungsländern Afrikas ist Holz der wichtigste Energieträger.

Der Primärenergieverbrauch der Europäischen Gemeinschaft betrug 1990 46 000 PJ (1580 Mio t SKE). Wie in Deutschland war daran Erdöl mit einem Anteil von 42 % der wichtigste Energieträger. Ebenso mußte

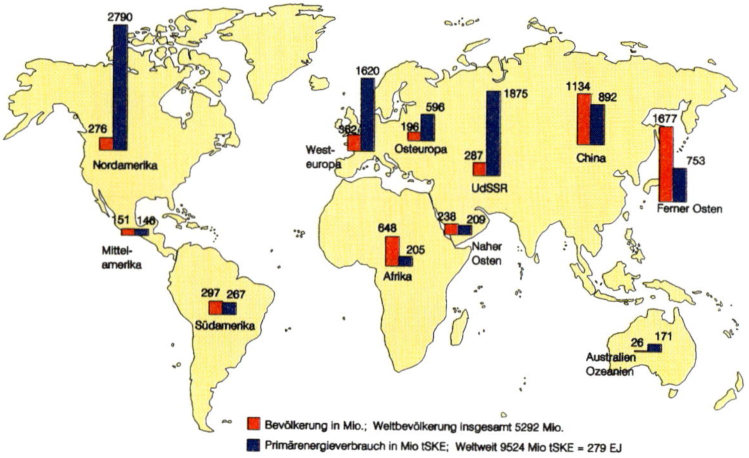

Abb. 8. Ungleichgewicht zwischen Bevölkerungszahlen und Primärenergieverbrauch in den einzelnen Weltregionen (Quellen: Statistisches Jahrbuch der Bundesrepublik und UN-Energy Statistical Yearbook).

mit 51 % der gleiche Anteil an Energie importiert werden wie in Deutschland.

Die weltweite Stromerzeugung betrug im Jahre 1990 etwa 11 600 TWh. Dazu wurden folgende Primärenergieträger verwendet:

- 39 % Kohle
- 23 % Öl und Gas
- 19 % Kernenergie
- 19 % Wasserkraft und Sonstige.

Die derzeit weltweit gewinnbaren Reserven an fossilen Energieträgern werden auf 35 000 EJ (11 000 Mrd. t SKE) geschätzt. Drei Viertel dieser fossilen Reserven liegen als Steinkohle vor, 18 % als Öl und der Rest als Gas. Neben den Reserven, deren Menge sich in der Vergangenheit wegen neuer Explorationen und Funde vergrößert hat, sind die zusätzlich erschließbaren Ressourcen zu betrachten. Dies sind Energievorkommen, die mit heutigem Preisniveau oder mit heutiger Technik nicht gewinnbar sind, wie beispielsweise die Ölvorkommen in Form von Ölschiefer. Bezogen auf die oben genannten Reserven und die heutigen Weltenergieverbräuche der einzelnen Energieträger liegt die Reichweite der Öl- und Gasreserven bei gut 50 Jahren, die der Kohle bei 270 Jahren.

Die weltweiten Uranreserven liegen bei rund 2,6 Mio t, die zusätzlichen wahrscheinlichen Vorräte werden mit 3 Mio t veranschlagt. Anfang der 90er Jahre wurden jährlich gut 50 000 t Uran pro Jahr benötigt, so daß die Reichweite der Reserven mit den gegenwärtig eingesetzten Reaktorsystemen ebenfalls bei rund 50 Jahren liegt. Die Menge der aus Uran gewinnbaren Sekundärenergie hängt sehr von der verwendeten Technik – beispielsweise Leichtwasserreaktoren oder Brutreaktoren – ab und ist deshalb nicht ohne weiteres anzugeben.

Für die nachfolgenden Betrachtungen wichtig ist die Tatsache, daß die Reserven am größten für die Kohle sind, für den Energieträger, der bei der Verbrennung die größten Emissionen an Schwefeldioxid und Kohlendioxid hat.

Umweltbelastungen aus der Energieumwandlung

Bei der Entstehung von Umweltbelastungen spielen Schadstoffe eine große Rolle, insbesondere im Zusammenhang mit der Energienutzung. Die öffentliche Diskussion darüber leidet mitunter daran, daß die wichtigsten Begriffe – Umwelt, Schadstoffe, Umweltbelastung – nicht klar definiert sind. In diesem Buch sind die Definitionen, wie sie nachfolgend angegeben sind, zugrundegelegt.

Umwelt
Bezeichnung für die Gesamtheit aller Erscheinungen, mit denen ein Organismus in seinem artspezifischen Lebensraum in Wechselbeziehungen steht und denen er sich in entwicklungsgeschichtlichen Zeiträumen so angepaßt hat, daß ein ökologisches Gleichgewicht entstehen kann.

Zwar werden dabei weitere Begriffe (wie z. B. ökologisches Gleichgewicht) eingeführt, die auch wieder diskutiert werden könnten; das soll hier jedoch nicht geschehen, weil im folgenden eher ein pragmatischer Ansatz gewählt wurde.

Schadstoffe
In der Umwelt vorkommende Stoffe, von denen schädliche Wirkungen auf Lebewesen und Sachgüter ausgehen können und denen der einzelne Mensch unfreiwillig ausgesetzt ist.

Immerhin wird dabei deutlich, daß von Schadstoffen schädliche Auswirkungen ausgehen können, aber nicht müssen – es kommt auf die Dosis an.

Umweltbelastung
Negative Beeinflussung und Veränderung der natürlichen Umwelt durch physikalische, chemische und technische Eingriffe. Verunreinigungen (z. B. durch Staub, Mikroorganismen, Chemikalien, Strahlen) können zur Umweltverschmutzung füh-

ren, wenn sie über die natürliche Regenerationskraft der verschmutzten Medien (z. B. Boden, Wasser, Luft) hinausgehen.

Und in manchen Fällen kann durchaus darüber gestritten werden, ob eine Wirkung schädlich oder eine Beeinflussung und Veränderung der natürlichen Umwelt negativ ist.

Bei der Betrachtung der verschiedenen Arten der Umweltbelastungen ist zu unterscheiden zwischen den eigentlichen Schadstoffen, die direkte Schäden verursachen können, z.B.

Gesundheitsschäden bei Menschen,
Schäden an Ökosystemen, einzelnen Tieren und Pflanzen,
Sachschäden, z. B. an Bauwerken,

und Stoffen, die direkt nicht schädlich sind, aber indirekt möglicherweise nachteilige Auswirkungen haben können, wie das Kohlendioxid, dessen Zunahme unmittelbar das Pflanzenwachstum begünstigt, dessen indirekte Auswirkung, der Treibhauseffekt, zu globalen Klimaänderungen mit verheerenden Konsequenzen führen kann.

Neben den Schadstoffbelastungen von Luft, Wasser und Boden werden zuweilen Abwärmebelastungen des Wassers und der Atmosphäre diskutiert. Sie sollen hier nicht weiter betrachtet werden, weil sie im Vergleich zur Schadstoffbelastung und zum Treibhauseffekt von untergeordneter Bedeutung sind. Eine weitere mögliche Umweltbeeinträchtigung ist in manchen Fällen ein großer Flächenbedarf, etwa im Kohlentagebau. Die Lärmbelastung durch Energieumwandlungsanlagen macht sich vor allem beim Straßenverkehr bemerkbar.

Für umweltpolitische Entscheidungen ist es wichtig zu wissen, in welchen Bereichen unserer Gesellschaft sich die Quellen dieser Belastungen befinden, und hier wird üblicherweise nach den Sektoren

Industrie,
Kraftwerke,
Haushalte und Kleinverbraucher,
Verkehr

unterschieden. Für die Energiepolitik ist von Bedeutung, durch welche Primärenergiequellen die Belastung verursacht wird, und dabei müssen berücksichtigt werden:

Kohle,
Erdöl,
Erdgas,
Kernenergie,
erneuerbare Energien (Sonne, Wasserkraft, Wind usw.)

Dabei genügt es nicht, nur die Umwandlungsanlagen – z. B. Kraftwerke oder Heizungsanlagen – zu betrachten. Gewinnung und Transport der Brennstoffe sind ebenfalls mit Umweltbelastungen verbunden, das gleiche gilt für die Abfälle und Verbrennungsrückstände. Für bestimmte Umwandlungsanlagen, z. B. Solarkollektoren, wird – auf die Energieeinheit bezogen – besonders viel Material zum Auffangen der Energie benötigt. Die Gewinnung und Verarbeitung dieses Materials ist im allgemeinen auch mit Umweltbelastungen verbunden, die bei einem Vergleich zu berücksichtigen sind.

3 Schadstoffbelastung der Gewässer und des Bodens

Im Vergleich zu anderen Quellen – Landwirtschaft, Abwässer aus Industrieproduktion – spielt die Belastung der Gewässer aus der Energienutzung insgesamt eine untergeordnete Rolle. Lokal kann sie jedoch zeitweilig erheblich sein, nämlich bei Unfällen von Tankschiffen in Küstennähe. Es kann mitunter Jahre dauern, bis die Ölrückstände abgebaut sind.

Von Zeit zu Zeit gibt es Schäden durch Öl, das bei Transportunfällen zu Lande den Boden und das Grundwasser verunreinigen kann. Dabei sind die Mengen jedoch gering, und gewöhnlich gelingt es ausreichend schnell, verunreinigte Bodenschichten zu entfernen. Deren Entsorgung ist allerdings teuer. An vielen Stellen werden Verfahren zur Reinigung des Bodens von den Schadstoffen entwickelt, um die zu entsorgenden Mengen gering zu halten.

In gewissem Umfang tritt eine Belastung des Wassers bei der Flotation[1] der Kohle (4,5 m^3 Wasser für 1 t Steinkohle) sowie bei der Erdölverarbeitung durch chemische Schadstoffe auf. Die Grubenwässer des Kohlen-

[1] Abtrennen von nichtbrennbaren und schwefelhaltigen Bestandteilen in Wasserbecken.

bergbaus können mit natürlichen radioaktiven Stoffen belastet sein. Die Abwässer fossiler Kraftwerke fallen dagegen nicht ins Gewicht. Bei kerntechnischen Anlagen enthält das Abwasser radioaktive Stoffe. Bei Energieerzeugung, -umwandlung und -verbrauch sind jedoch im Vergleich zu den Schadstoffbelastungen der Atmosphäre die Belastungen der Gewässer gering, so daß sie hier nicht weiter betrachtet werden sollen.

Eine weiträumige Bodenbelastung entsteht durch den sauren Regen. Gasförmige Luftschadstoffe aus der Kohle- und Ölverbrennung – Schwefeldioxid und Stickoxide – reagieren mit der Luftfeuchtigkeit zu Schwefel- und Salpetersäure. Diese gelangen in Form von feinsten Tröpfchen und mit dem Regen auf die Erde und versauern zunächst den Boden. Damit tragen sie zu den Waldschäden bei.

In Skandinavien, wo die Bodendecke über dem Fels relativ dünn ist, wurde bereits in den fünfziger Jahren eine zunehmende Versauerung von Seen festgestellt. In manchen dieser Gewässer können inzwischen keine Fische mehr existieren. Der saure Regen stammt zum größten Teil aus den Feuerungsanlagen in Großbritannien und Mitteleuropa.

In Deutschland puffert die wesentlich dickere Bodenschicht den sauren Regen besser ab, so daß es hier bisher saure Seen wie in Skandinavien nicht gibt. Deutliche Versauerungen von Bächen und Flüssen wurden jedoch in den Quellbereichen und Oberläufen auf sandigem und kalkarmem Untergrund festgestellt. Durch Kalkung der Waldböden und Seen kann die Säure weitgehend neutralisiert werden.

Eine weitere Bodenbelastung entstand durch Blei, das als Anti-Klopfmittel früher dem Benzin beigefügt war und dann mit den Auspuffgasen in die Luft emittiert wurde. Es lagerte sich beiderseits der Straßen ab, an vielbefahrenen Strecken in solchen Mengen, daß dort aufgewachsene Gemüsepflanzen bedenklich hohe Bleigehalte aufwiesen. Durch den Übergang zu bleifreiem Benzin hat dieser Bleieintrag praktisch aufgehört.

4 Schadstoffbelastung der Luft

Primärenergien und Luftschadstoffe

Die fossilen Brennstoffe Kohle, Erdöl und Erdgas sind aus pflanzlichen und tierischen Resten im Lauf von vielen Millionen Jahren entstanden, sie sind gespeicherte Sonnenenergie. Ihr Hauptbestandteil ist Kohlenstoff, daneben enthalten sie auch Wasserstoff und weitere chemische Elemente wie Schwefel und Stickstoff von ihrer Entstehung aus organischem Material her. Die Steinkohle ist am ältesten; die Wälder, aus denen sie entstanden ist, wuchsen im Erdaltertum vor mehr als 200 Millionen Jahren. Seitdem sind in die Kohleformationen auch andere Stoffe, darunter auch radioaktive Stoffe, durch Wassertransport von außen eingetragen und Bestandteil der Kohle geworden.

Bei der Verbrennung verbinden sich die oxidierbaren Bestandteile des Brennstoffs, das sind vor allem Kohlenstoff und Wasserstoff, mit dem Luftsauerstoff der Verbrennungluft und dabei wird bekanntlich nutzbare Wärme frei. Die Hauptverbrennungsprodukte sind Kohlendioxid (CO_2) und Wasser (H_2O), aber auch die Beimengungen wie Schwefel und Stickstoff verbinden sich mit dem Luftsauerstoff zu gasförmigen Oxiden. Kohle hat darüber hinaus nicht brennbare Anteile, die als Asche übrigbleiben.

Die Schadstoffemissionen über die Abluft stellen die wichtigste Art von Umweltbelastungen bei der Energieerzeugung dar. An dieser Stelle soll eine qualitative Übersicht zunächst nur zeigen, welche Luftschadstoffe mit welchen Energieträgern zusammenhängen. (Zahlenangaben dazu folgen auf S. 57) Hier können beim Erdgas überwiegend Kohlenmonoxid und Stickoxide als Verbrennungsprodukte auftreten, die aus dem Kamin entweichen (Abb. 9).

Bei Erdöl und Erdölprodukten wie Heizöl oder Benzin sowie bei Kohle kommen dazu noch Schwefelverbindungen, Kohlenwasserstoffe und Feststoffe, bei der Verbrennung von Kohle sind die Staubmengen wesentlich größer als bei der Verbrennung von Öl; sie enthalten auch radioaktive Anteile. Bei Kernenergieanlagen entfallen die chemischen Schadstoffe, dafür muß die Abgabe radioaktiver Stoffe betrachtet werden. Beim Betrieb von Sonnen-, Wind- und Laufwasser-Energieanlagen entstehen keine Luftschadstoffe. Ihre Umweltauswirkungen sind vielmehr lokaler Art. Es kommt z. B. zur Beeinflussung des Mikroklimas oder störender Geräuschentwicklung. Wegen der unzureichenden Verfügbarkeit der erneuerbaren Energiequellen muß ihre Leistung jedoch durch sogenannte »Back up«-Anlagen auf der Basis fossiler Brennstoffe abgesichert werden. So entstehen mittelbar ebenfalls Luftschadstoffe.

Bei der Verbrennung nachwachsender Rohstoffe, auch Biomasse genannt, können im Prinzip die gleichen Schadstoffe freigesetzt werden wie bei der Ölverbrennung. Die Mengen der freigesetzten Schadstoffe hängen davon ab, was verbrannt wird, aber auch von den Verbrennungsbedingungen. Die größten Emissionen findet man bei frischem Holz; deshalb darf in offenen Kaminen nur lufttrockenes, abgelagertes Holz verbrannt werden. Aus Biomasse können auch flüssige Brennstoffe wie

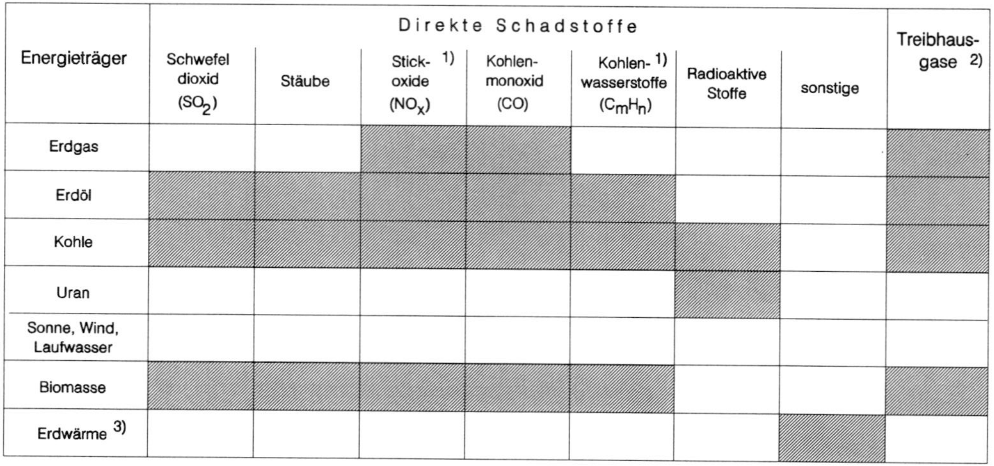

Abb. 9. Luftverunreinigungen bei der Energieerzeugung.
[1] Aus Stickoxiden und Kohlenwasserstoffen entsteht unter dem Einfluß der Sonnenstrahlung außerdem Ozon (O_3); [2] bei Verbrennung von Kohle, Öl und Erdgas sowie den daraus hergestellten Produkten Kohlendioxid (CO_2) sowie Ozon (O_3), bei der Kohle- und Erdgasförderung und Erdgasverteilung außerdem Methan (CH_4), bei der Verbrennung von Biomasse Kohlendioxid nur dann, wenn nicht wieder Pflanzen im gleichen Umfang angebaut werden. Bei Biomassen-Plantagen Distickstoffoxid (Lachgas, N_2O) durch Stickstoffdüngung; [3] abhängig von der Zusammensetzung der durchströmten geologischen Schichten, häufig entweicht Schwefelwasserstoff (H_2S).

Tabelle 2. Energienutzung als Ursache für die mengenmäßig wichtigsten Komponenten der Luftverunreinigung. Quelle: Umweltbundesamt: Daten zur Umwelt 1988/89.

	Energiebedingter Anteil 1986
Schwefeldioxid	etwa 96 %
Stickstoffoxide	fast 100 %
Kohlenmonoxid	etwa 88 %
Organische Verbindungen	etwa 56 % (Rest: Lösemittel)
Feststoffe (Stäube)	etwa 42 % (Rest: Produktionsprozesse)

Alkohole hergestellt werden. In Brasilien wird zum Beispiel Ethanol (Ethyl-Alkohol) aus Zuckerrohr gewonnen und statt Benzin zum Betrieb von Kraftfahrzeugmotoren verwendet. Hierzulande spielt die Biomasse jetzt und in der absehbaren Zukunft nur eine verschwindend geringe Rolle.

Erdwärme wird in Form von heißem Wasser oder Dampf zur Erdoberfläche transportiert. Dabei gehen Bodenbestandteile in Lösung und können als gasförmige Schadstoffe entweichen. An einzelnen bestehenden Anlagen (z. B. in Matsukawa in Japan, Cerro Prieto in Mexiko) wurden erhebliche Emissionen des giftigen Schwefelwasserstoffs festgestellt.

Bei den mengenmäßig wichtigsten Luftschadstoffen stammt der größte Anteil aus der Energienutzung (Tabelle 2).

Die bei der Verbrennung fossiler Primärenergieträger freigesetzten Schadstoffe kommen auch in der Natur vor, z. B. im Auswurf von Vulkanen oder als Abbauprodukte von organischem Material. Sie werden, sofern es chemische Verbindungen wie Schwefeldioxid oder Kohlenwasserstoffe sind, auch durch natürliche Vorgänge im Laufe der Zeit wieder abgebaut.

Die durch die Verbrennung von Kohle verursachte Luftverschmutzung ist schon lange als lästig und gesundheitsschädlich empfunden worden. In London wurde z.B. bereits im Mittelalter – mit wechselndem Erfolg – versucht, die Verbrennung von Kohle einzuschränken und die Handwerker zu zwingen, stattdessen das teurere Holz oder Holzkohle zu verwenden. Gesundheitsschäden durch diese Schadstoffe wurden bei mehreren Smog[2]-Katastrophen festgestellt, wenn sich bei ungünstigen Inversionswetterlagen über mehrere Tage hindurch die Verbrennungsprodukte in der Luft ansammelten: Ärzte und Krankenhäuser stellten daraufhin deutlich erhöhte Zahlen von Erkrankungs- und Todesfällen fest, zum ersten Mal 1930 im belgischen Maastal, 1948 in der Innenstadt von Donora in Pennsylvanien (USA), 1962 im Ruhrgebiet. Die größte bekannte Smogkatastrophe ist die von London im Dezember 1952, wo innerhalb von zwei Wochen nach Eintritt der Smog-Bedingungen etwa 4 000 Menschen mehr starben als sonst in dieser Jahreszeit. Diese Ereignisse lösten intensive Gegenmaßnahmen aus (Änderung der Heiztechnik, Anforderungen an die Brennstoffe), so daß zumindest in den westlichen Industrieländern solche Katastrophen heute nicht mehr befürchtet werden müssen.

Neben den giftigen Schadstoffen wird als unvermeidliches Verbrennungsprodukt auch Kohlendioxid (CO_2) freigesetzt. CO_2 ist zwar nicht giftig, es hat jedoch eine erhebliche Bedeutung für das Klima der Erde.

---

[2] Das Wort »Smog« ist ein Kunstwort: es ist aus den englischen Wörtern »smoke« (Rauch) und »fog« (Nebel) gebildet.

Die Schadstoffbelastung der Luft nimmt auch in der Bevölkerung einen Spitzenplatz unter den Umweltsorgen ein. Bei einer Meinungsumfrage Anfang 1992 nannten 53 % in Ostdeutschland und 41 % in Westdeutschland die Luftverschmutzung als wichtiges Umweltproblem. Alle anderen Umweltbelastungen – wie etwa Ozonloch, Wasserverschmutzung, Verkehr oder Treibhauseffekt – rangierten danach.

Von der Emission zur Immission

Luftschadstoffe werden mit den Verbrennungsgasen (oder Abgasen) in die Umgebung abgegeben oder emittiert[3]. Die Emission wird als Menge pro Zeiteinheit angegeben, also etwa in Kilogramm pro Stunde oder Tonnen pro Jahr. Der Gehalt einzelner Schadstoffe im Abgas (in den Emissionen) von Verbrennungsanlagen wird in Milligramm Schadstoff pro Kubikmeter Rauchgas (mg/m^3) angegeben. Bei Kraftfahrzeug-Abgasen werden verschiedene Bezugsgrößen für die spezifischen Schadstoffemissionen verwendet: die Fahrstrecke, die geleistete Arbeit, die verbrauchte Kraftstoffmenge oder ein Testzyklus.

In der Umgebung breiten sich die Schadstoffe, abhängig von den jeweiligen Wetterbedingungen, aus (Transmission[4]) und werden dabei verdünnt (Abb. 10).

In der Luft können sie chemisch mit der Luftfeuchtigkeit und miteinander reagieren; dabei können sekundäre Luftschadstoffe wie Ozon entstehen. Irgendwann werden die Schadstoffe auf dem Erdboden oder dem Pflanzenbewuchs abgelagert (Deposition). Dabei unter-

---

[3] Lateinisch *emittere* = hinausschicken
[4] Lateinisch *transmittere* = hindurchschicken

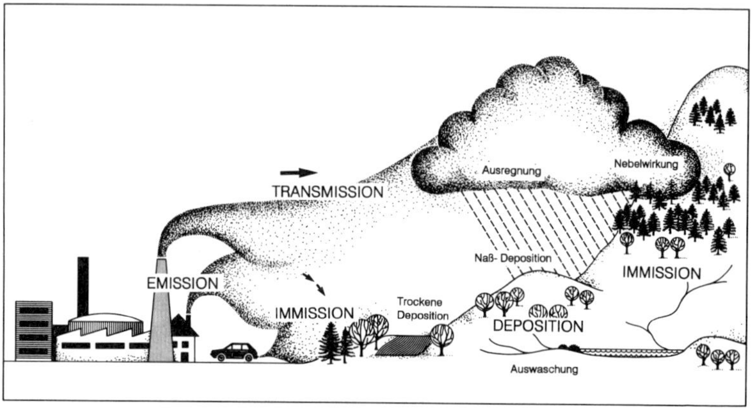

Abb. 10. Emission, Transmission, Immission und Deposition von Luftschadstoffen.

scheidet man zwischen trockener Deposition (durch die Schwerkraft) und nasser Deposition (Auswaschen durch Regen). Schadstoffe können auch Bestandteil von Nebeltröpfchen werden und mit diesen auf Pflanzen abgelagert werden. Auf dem Boden abgelagerte Stoffe können vom Regen ausgewaschen werden und damit in Grund- und Oberflächengewässer gelangen.

Über hohe Schornsteine emittierte Schadstoffe können über viele hundert Kilometer transportiert werden, während in Bodennähe freigesetzte Stoffe, vor allem in den Städten, meist nicht weit gelangen. Die weiträumige Verfrachtung von Schadstoffen hat die Konsequenz, daß Gegenmaßnahmen im nationalen Rahmen nicht ausreichen. Deutschland »exportiert« einen erheblichen Teil der emittierten Schadstoffmengen in die Nachbarländer – wie gerade der Wind weht; es erhält aber auch aus den Nachbarländern beträchtliche Anteile zurück. Eine sehr rigide Luftreinhaltepolitik nur in einem Land würde bedeuten, daß es vor allem seine

Nachbarländer entlastet und einen Teil von deren Schadstoffemissionen »importiert«.

Die Bundesregierung bemüht sich deshalb, mit unterschiedlichem Erfolg, durch internationale Vereinbarungen auch die übrigen Länder Europas zur Verminderung von grenzüberschreitenden Umweltbelastungen zu bewegen.

Dort, wo die Schadstoffe auf Menschen, Tiere und Sachgüter einwirken, spricht man von Immission[5] (Abb. 11). Bei der Immission kommt es auf die Konzentration an, sie wird meist in Milligramm pro Kubikmeter Luft angegeben. Häufig wird auch der Begriff Immissions-Konzentration verwendet.

Emission

1. Übergang luftverunreinigender Stoffe in die Atmosphäre
2. Menge der Stoffe (»Spuckwert«) (z. B. t SO_2 pro Jahr)

Transmission

Vorgänge, die zu einer Verteilung der luftverunreinigenden Stoffe in der Atmosphäre oder zu ihrer Änderung durch chemische und physikalische Effekte führen. Der Begriff Transmission beschreibt den Übergang von der Emission zur Immission.

Immission

Tatsächliche Schadstoffkonzentration am Ort der Einwirkung in der Atmosphäre (»Schluckwert«) oder im Boden oder im Wasser (z. B. mg Schadstoff /m^3 Luft, mg Schadstoff /m^3 Boden oder mg Schadstoff /m^3 Wasser)

[5] Lateinisch *immittere* = hineinschicken

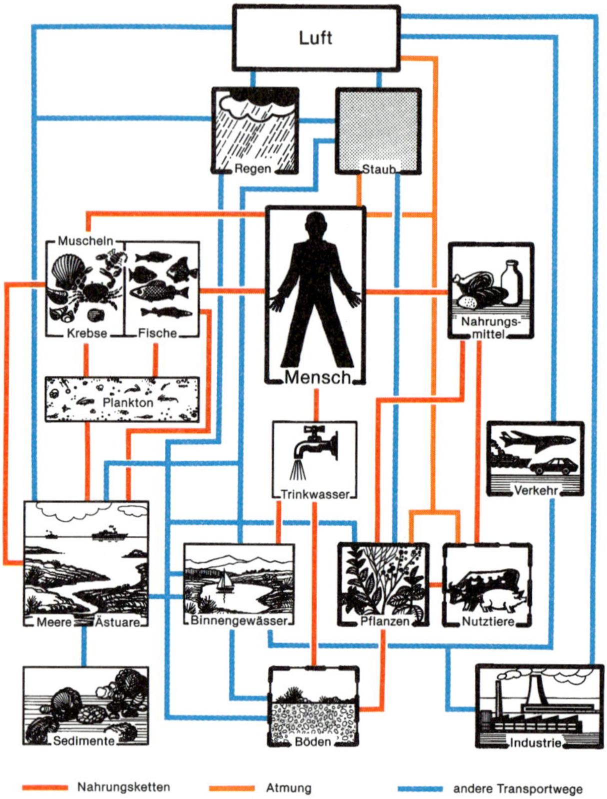

Abb. 11. Die Wege von Luftschadstoffen über verschiedene Pfade zum Menschen. Nicht alle der hier dargestellten Pfade sind für die aus der Energienutzung entstehenden Luftschadstoffe gleichermaßen wichtig. Dafür sind nur die Pfade über die mit einem dikken Rahmen versehenen Kästen relevant, bei radioaktiven Stoffen zusätzlich die Pfade über Nutztiere und Böden (nach KFA-Jahresbericht 1978/79).

Die Aufnahme von Schadstoffen kann über den Atemweg erfolgen (Inhalation) oder über die Nahrung und das Trinkwasser (Ingestion).

Die Menge radioaktiver Stoffe wird mit Zählrohren gemessen, die die Zahl der radioaktiven Zerfallsprozesse pro Sekunde angeben. Die Maßeinheit dafür ist das Bequerel (Bq). Entsprechend wird auch die Emission radioaktiver Stoffe in Bequerel pro Stunde oder pro Jahr angegeben. Die Wirkung verschiedener radioaktiver Stoffe (Nuklide) ist sehr unterschiedlich und hängt überdies davon ab, ob der betreffende Stoff von außen auf einen Organismus einwirkt, ob er durch Inhalation oder durch Ingestion in den Körper gelangt ist. Für die Wirkung entscheidend ist die Strahlendosis auf einen Organismus, die von zahlreichen Parametern (vor allem Strahlenart und -energie sowie dem biochemischen Verhalten des Nuklids im Organismus) abhängt, auf die hier nicht weiter eingegangen werden kann. Die Einheit für die Immission ist die sogenannte »effektive Äquivalentdosis«, angegeben in Sievert oder Millisievert. Dies ist eine rechnerisch ermittelte Dosis, die die biologischen Wirkungen unterschiedlicher Strahlenarten berücksichtigt.

Einheiten für radioaktive Stoffe und ihre Einwirkungen auf Materie

Radioaktivität

Umwandlung von instabilen Atomkernen unter Aussendung von energiereicher Strahlung. Einheit für die Radioaktivität (Aktivität) ist das Bequerel (Bq). 1 Bq = 1 Zerfall pro Sekunde (1/sec.).

Bis 1978 war die Einheit für die Radioaktivität das Curie (Ci), die Zahl der radioaktiven Umwandlungen pro Sekunde von einem Gramm Radium.

1 Ci = 37×10^9 Bq.

Emission

1. Übergang radioaktiver Stoffe in die Umwelt.
2. Abgegebene Menge pro Zeiteinheit (z.B. Bq pro Stunde, Bq pro Jahr).

Immission

1. Energiedosis, das ist die übertragene Energie in Joule pro Kilogramm Materie. Einheit ist das Gray (Joule pro kg).
2. Bei Einwirkung auf menschliches Gewebe wird die unterschiedliche biologische Wirksamkeit der verschiedenen Strahlenarten und die unterschiedliche Empfindlichkeit einzelner Organe in der effektiven Äquivalentdosis berücksichtigt. Einheit ist das Sievert (Sv).

Der Immissionskonzentration von Luftschadstoffen, die mit der Atemluft eingeatmet werden, entspricht die Strahlendosis durch radioaktive Stoffe. Allerdings ist bei diesen auch der Ingestionspfad (über Nahrung und Trinkwasser) mit zu berücksichtigen.

Die Strahlung radioaktiver Stoffe überträgt Energie auf die durchstrahlte Materie. Die Energiedosis (Maßeinheit Gray) ist eine physikalische Größe und kann gemessen werden.

Für die biologische Wirkung in durchstrahltem lebendem Gewebe muß neben der Energiedosis auch die Art und Energie der Strahlenquanten berücksichtigt werden. Durch Multiplikation mit einem entsprechenden dimensionslosen Bewertungsfaktor erhält man aus der Energiedosis die Äquivalentdosis. Ihre Einheit ist das Sievert (Sv). Oft wird noch die alte Einheit für die Äquivalentdosis, die seit 1986 nicht mehr zulässig ist, verwendet, das rem. 100 rem = 1 Sv.

Die sogenannte effektive Äquivalentdosis (Effektivdosis) berücksichtigt die unterschiedliche Strahlenempfindlichkeit der verschiedenen menschlichen Organe und Gewebe. Damit ist sie ein Maß für das gesamte (»effektive«) radiologische Risiko für tödliche Krebserkrankungen und Erbschäden.

Luftschadstoffe und ihre Wirkungen auf die menschliche Gesundheit

Schwefeldioxid (SO_2)

Rohkohle und Erdöl enthalten bis zu 4 % Schwefel, der bei der Steinkohle durch Naßverfahren (Flotation) auf 1 – 1,25 % reduziert wird. Der Schwefelanteil des Erdöls wird weitgehend in der Raffinerie reduziert, am weitesten bei leichtem Heizöl und Dieselkraftstoff, am wenigsten bei Schweröl. Auch Naturgas enthält gewöhnlich Schwefel in Form von Schwefelwasserstoff (H_2S). Wegen seiner gesundheitsschädlichen Wirkung und wegen der Korrosionsgefahr im Rohrleitungsnetz wird der Schwefelwasserstoff bereits vor der Einspeisung in das Gasnetz weitestgehend entfernt.

Bei der Verbrennung wird Schwefel zu gasförmigem Schwefeldioxid (SO_2) oxidiert (Tabelle 3). Schwefeldioxid ist, wie medizinische Untersuchungen erwiesen haben, in trockener Atemluft erst bei recht hohen Konzentrationen wirksam – es führt dann zu einer Reizung der Bronchien und der Lunge. Bei Gegenwart von Sonnenlicht und Luftfeuchtigkeit wird SO_2 zu schwefeliger Säure (H_2SO_3) und Schwefelsäure (H_2SO_4) oxidiert. Als Aerosoltröpfchen (vgl. S. 46) werden diese mit eingeatmet. Schwefel liefert bisher den Hauptanteil zum »sauren Regen« und trägt zur Versauerung der Gewässer und des Bodens sowie zu den Bauschäden bei. Außerdem greifen die Schwefelverbindungen die Pflanzen an.

Tabelle 3. Die wichtigsten Luftschadstoffe aus der Energienutzung und ihre Wirkungen.

	SO_2	NO_x	C_mH_n	Stäube	CO	Radioaktivität
Herkunft	S-Gehalt des Brennstoffs	N-Gehalt des Brennstoffs Hohe Verbrennungs-temperatur	Direkte Freisetzung, unvollständige Verbrennung	Flugasche	Unvollständige Verbrennung	Natürlich, Kernspaltung, Aktivierung
Umwandlung	H_2SO_3 H_2SO_4	HNO_2 HNO_3	Photooxidantien (O_3)			
Wirkungen						
Mensch	Atmungsorgane Herz und Kreislauf	Atmungsorgane	Z. T. kanzerogen und mutagen	Z. T. kanzerogen und mutagen Atmungs-organe	Behindert O_2-Transport im Blut	Kanzerogen und mutagen
Ökosysteme	W a l d s c h ä d e n	W a l d s c h ä d e n	W a l d s c h ä d e n			
Sachgüter	Bauschäden	Bauschäden				
Abhilfe	Wirbelschichtfeuerung Rauchgas-entschwefelung	Wirbelschichtfeuerung Stufenbrenner, Abscheidung Drei-Wege-Kat	Hohe Verbrennungs-temperatur Drei-Wege-Kat	Filter	O_2-Überschuß, Drei-Wege-Kat	Filter, Abklingen
	Saurer Regen, synergetische Wirkungen, auch mit Staub	Saurer Regen, synergetische Wirkungen, auch mit Staub		Kondensations-kerne f. Säuren		

Schwefeldioxid spielt eine wesentliche Rolle beim sogenannten »London-Smog«, der in der kalten Jahreszeit entsteht. Dabei geht es in Verbindung mit Mineralien des Feinstaubs und flüchtigen organischen Verbindungen luftchemische Reaktionen ein, in deren Verlauf Aerosole – feinste feste oder flüssige Teilchen – entstehen.

In Kraftwerken besteht prinzipiell die Möglichkeit, durch technische Maßnahmen SO_2 weitgehend aus dem Rauchgas zu entfernen. Für kleinere Anlagen ist die Entschwefelung des Brennstoffs billiger als die Rauchgasreinigung. Deshalb ist für Haushaltsheizungen das schwefelarme extra-leichte Heizöl (höchstens 0,2 % Schwefel pro Liter) vorgeschrieben. Dieselkraftstoff ist mit diesem Heizöl identisch.

Stäube

Die genaue Bezeichnung müßte heißen »Stäube und Aerosole«. Diese beiden Teilchengruppen verhalten sich in der Luft ähnlich. Sie werden – je nach Größe und Windgeschwindigkeit – in der Luft teilweise über weite Strecken transportiert (Saharastaub z. B. gelegentlich bis in unsere Breiten), fallen aber schließlich aufgrund ihres Gewichts auf die Erde. Stäube sind feste Stoffe; Aerosole sind feinste Flüssigkeitströpfchen, die auch Feststoffe enthalten können.

Stäube entstehen in Industriebetrieben (z. B. Zementfabriken) und vor allem bei Verbrennungsprozessen, nicht nur bei der Verbrennung fester Brennstoffe. In der Industrie und in Kraftwerken werden heute mehr als 99 % der Stäube mit Filtern abgeschieden. Feinste Staubpartikel mit Durchmessern von einigen µm passieren die Filter jedoch weitgehend. Im Unterschied zum Grobstaub kann dieser Feinstaub über die Atemwege bis

Tabelle 4. Größen verschiedener Teilchen in µm (nach INFO »Schwebstaub in der Luft« der Landesanstalt für Immissionsschutz, Essen).

Natürliche Teilchen	
Regentropfen	250 – 2500
Sprühregen	30 – 500
Pollen	10 – 50
Sporen	10 – 30
Nebel	1 – 40
Bakterien	1 – 10
Viren	0,01 – 0,1
Stäube	
Formsand	100 – 1000
Kohlenstaub	2 – 100
Zementstaub	1 – 200
Flugasche	1 – 80
Zinkstaub	2 – 20
Quarzstaub	0,5 – 5
Ruß	0,5 – 1,5
Dämpfe/Rauche	
Metallurgische Rauche	0,05 – 100
Schwefelsäurenebel	1 – 10
Tabakrauch	0,01 – 0,1

in die Lunge gelangen. Die giftige Wirkung beruht vor allem auf dem Gehalt an Schwermetallen wie Blei, Vanadium, Beryllium, Quecksilber, von denen einige die Entstehung von Krebs fördern. Zudem lagern sich an der Oberfläche der feinen unsichtbaren Staubteilchen andere Schadstoffe wie Kohlenwasserstoffe, Schwefel- oder Stickstoffverbindungen an, so daß sie über den Staub in die Lunge transportiert werden. Allgemein erzeugt Staub eine Erhöhung der Zahl von Erkrankungen der Atmungsorgane, wie Lungenentzündung und Asthma.

Aerosole entstehen vor allem bei der Reaktion von gasförmigen Schadstoffen mit der Luftfeuchtigkeit, z.B. als Schwefelsäure. Oft kondensieren diese Flüssigkeitströpfchen an feinen Staubteilchen.

Tabelle 4 zeigt die Korngrößen von einigen Stäuben und anderen luftgetragenen Teilchen.

Stickoxide (NOx)

Stickoxide entstehen bei der Verbrennung fossiler Energieträger aus zwei Gründen: Einmal enthalten Kohle und Öl Stickstoff, der bei der Verbrennung oxidiert wird; darüber hinaus reagiert bei höheren Temperaturen (ab ca. 1200 °C) der Luftstickstoff mit dem Luftsauerstoff (thermische NO_x-Bildung). In Steinkohlekraftwerken mit Schmelzkammerfeuerung werden Temperaturen bis 1800 °C erreicht; bei der Entwicklung von Kraftfahrzeugmotoren mit dem Ziel sparsameren Brennstoffverbrauchs wurden die Verbrennungstemperaturen auf 1800 bis 2300 °C angehoben, wodurch die Stickoxiderzeugung anstieg. Bei diesen Prozessen entsteht in erster Linie Stickstoffmonoxid (NO), das nach Verlassen des Schornsteins oder des Auspuffs relativ schnell zu Stickstoffdioxid (NO_2) umgesetzt wird. Abb. 12 zeigt beispielhaft die Stickoxidemissionen in einem Bundesland über 12 Tage aus den Sektoren Verkehr, Haushalte und Kleinverbraucher, Kraftwerke, Industrie. Der große Anteil des Verkehrs ist deutlich zu erkennen, ebenso die Unterschiede zwischen Tag und Nacht sowie der Einfluß des Wochenendes.

Stickoxide greifen die Schleimhäute der Atmungsorgane an und begünstigen dort Katarrhe und Infektionen (Bronchitis, Lungenentzündung). Sie verstärken die Wirkung von Schwefeldioxid.

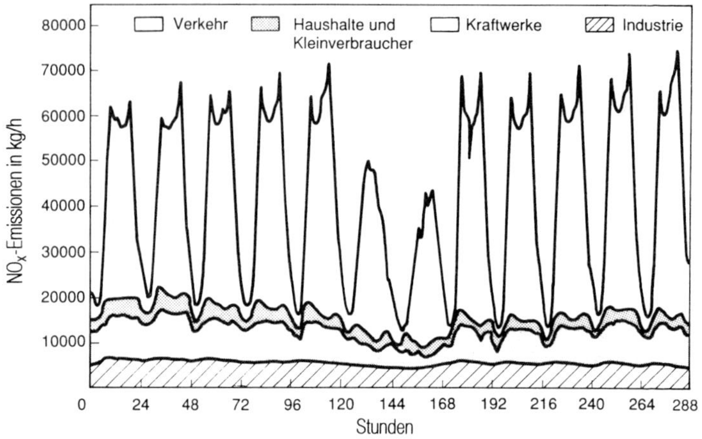

Abb. 12. Verlauf der gesamten Stickoxid-Emissionen in Baden-Württemberg in der Zeit vom 18. bis 29. März 1988 (Quelle: Baumbach, 1990).

Die Reaktion von Stickoxiden mit Luftfeuchtigkeit führt zu salpetriger Säure und Salpetersäure (HNO_3), die ähnlich wie die Schwefelsäure in Form von Aerosolen vorliegen. Auch diese Säuren tragen zum »sauren Regen« bei.

Die Stickoxide spielen eine wichtige Rolle als Vorläufersubstanz für bodennahes Ozon (s. S. 50).

Kohlenmonoxid (CO)

Kohlenmonoxid entsteht bei unvollständiger Verbrennung, vor allem beim Betrieb von Kraftfahrzeugen sowie bei Kohleheizungen. Seine Giftigkeit beruht darauf, daß es sich an Stelle des Sauerstoffs mit dem roten Blutfarbstoff Hämoglobin sehr fest verbindet (200- bis 300mal stärker als Sauerstoff), nur sehr langsam wieder abgegeben wird und damit den Sauerstofftransport im Blut behindert. In größeren Konzentrationen führt es zum Tod durch Blockade der Atmung. Gesundheitsrelevante Belastungen treten nur in Emittentennähe (z. B. in geschlossenen Räumen mit schlecht brennenden Kohleöfen oder schlecht entlüfteten Parkhäusern) auf. Anders als die übrigen Luftschadstoffe, deren Umwandlungsprodukte zum Teil schädlicher sind als der emittierte Schadstoff, wird CO durch Oxidationsprozesse in das ungiftige Kohlendioxid (CO_2) umgewandelt.

Kohlenwasserstoffe (C_mH_n)

Unter diesem Begriff versteht man alle organischen Verbindungen, die aus Kohlenstoff und Wasserstoff bestehen. Die technisch wichtigen Primärenergieträger Erdöl und Erdgas sowie alle daraus erzeugten Sekundärenergieträger wie Benzin, Heizöl und Flüssiggas bestehen aus niederen Kohlenwasserstoffen mit kettenförmigen Molekülen. Zum Teil werden sie direkt an die Luft abgegeben, vor allem aus den Tanks der Kraftfahrzeuge sowie beim Umfüllen des Treibstoffs. Das Umweltbundesamt schätzt diese Emissionen durch Verdunstung für 1986 in den alten Bundesländern auf 350 000 Tonnen, das ist etwa ein Viertel der energiebedingten Emissionen von Kohlenwasserstoffen.

Bei der vollständigen Verbrennung von Kohlenwasserstoffen entstehen Kohlendioxid und Wasser. In einem Motor läuft der Verbrennungsvorgang in der Praxis - etwa wegen der Abkühlung der Flammenfront an den Wänden des Zylinders – jedoch unvollständig ab. Dabei bilden sich neue höherzahlige (längere) Kohlenwasserstoffketten, die bei ausreichender Konzentration leichte Schleimhautreizungen auslösen. Unter dem Einfluß von Sonnenlicht sind sie zusammen mit Stickoxid auch an der photochemischen Smogbildung beteiligt.

Gefährlich sind die aromatischen Kohlenwasserstoffe mit Ringmolekülen. Sie sind teilweise – wie etwa Benzol oder Benz-A-pyren – krebsauslösend. Kohlenwasserstoffverbindungen entstehen zwar bei jeder Verbrennung, in erhöhtem Umfang jedoch bei der explosionsartigen Verbrennung von Benzin und Dieselkraftstoff in Motoren.

Ozon (O_3)

Aus Stickstoffdioxid und Kohlenwasserstoffen, die hauptsächlich aus Emissionen des Kraftverkehrs stammen, entstehen unter dem Einfluß der Sonnenstrahlung über eine Reihe von komplexen chemischen Reaktionen neue Stoffe, die als Photooxidantien bezeichnet werden. Wichtigster Vertreter ist das Ozon. Ozon wird durch Stickstoffmonoxid, das vor allem durch den Kraftfahrzeugverkehr freigesetzt wird, wieder abgebaut. Deshalb sind die Ozonkonzentrationen dort, wo die Vorläufersubstanzen freigesetzt werden, meist geringer als in Reinluftgebieten. Photooxidantien spielen die wichtigste Rolle beim Sommer-Smog, auch Los-Angeles-Smog genannt.

Ozon dringt wegen seiner geringen Wasserlöslichkeit tief in die Atemwegen ein und reizt die Schleimhäute und das Lungengewebe. Die Atmung kann behindert werden. Ozon greift auch Pflanzen an, indem es die Zellwände von Nadeln und Blättern einschließlich der schützenden Wachsschicht schädigt.

Das bodennahe Ozon ist hinsichtlich seiner Wirkungen zu unterscheiden vom stratosphärischen Ozon in etwa 20 bis 30 km Höhe über dem Erdboden, in der Stratosphäre. Dieses stratosphärische Ozon schützt die Lebewesen vor der harten Ultraviolett-Strahlung der Sonne und wird durch die Fluorchlorkohlenwasserstoffe (FCKW) abgebaut. Dieser Prozeß findet besonders ef-

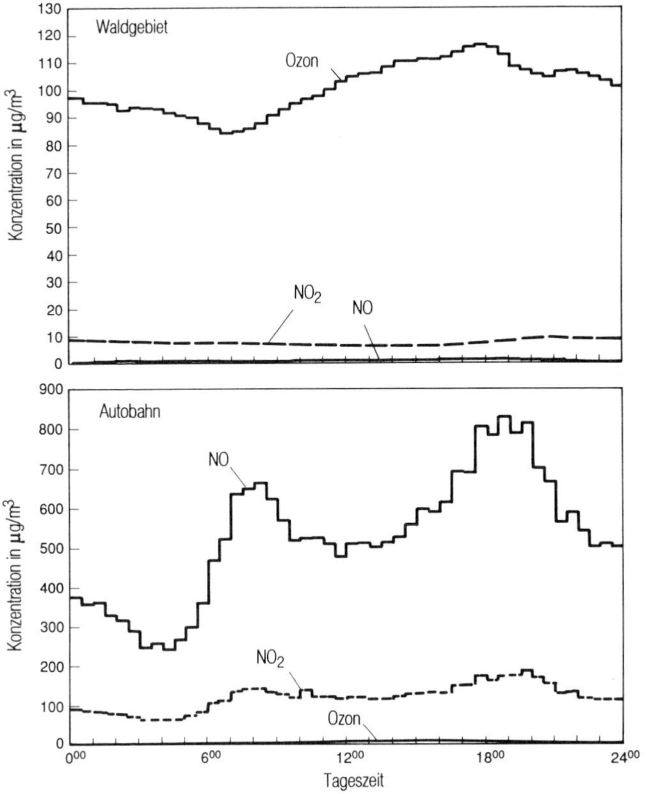

Abb. 13. Die gemessenen mittleren Tagesgänge von Stickstoffmonoxid (NO), Stickstoffdioxid (NO_2) und Ozon (O_3). *Oben:* in einem Waldgebiet bei Freudenstadt an sonnigen Sommertagen im Sommer 1987, *unten:* am Fahrbahnrand der Autobahn bei Wendlingen im Oktober 1985. Zu beachten sind unterschiedliche Skalen für die Konzentrationen. Unmittelbar am Fahrbahnrand ist nur ein geringer Anteil des NO zu NO_2 umgesetzt. NO kann deshalb hier entstandenes Ozon sofort wieder abbauen. In größerer Entfernung vom Gebiet der Freisetzung ist das NO in NO_2 übergegangen, aus dem bei Sonnenschein weit mehr Ozon entsteht, als durch die geringe NO-Konzentration abgebaut werden kann. Deshalb nimmt der Ozongehalt der Luft auch bei Dunkelheit im Reinluftgebiet nur wenig ab. (Quelle: Baumbach, 1990)

fektiv über der Antarktis statt, wo die Ozonkonzentration so stark verringert wird, daß man von einem »Ozonloch« spricht.

Entstehung und Abbau von Ozon (vereinfacht)
Bei intensivem Sonnenschein liefert der kurzwellige Anteil der Sonnenstrahlung Energie für die Zerlegung von Stickstoffdioxid (NO_2) in Stickstoffmonoxid (NO) und atomaren Sauerstoff (O), der sofort weiter mit molekularem Sauerstoff (O_2) zu Ozon (O_3) reagiert:

(1) $NO_2 + \text{Energie} \rightarrow NO + O$
(2) $O + O_2 \rightarrow O_3$

Ozon reagiert allerdings auch wieder mit NO:

(3) $O_3 + NO \rightarrow O_2 + NO_2$

Bei starkem Sonnenlicht überwiegen die Reaktionen (1) und (2); ohne Sonnenlicht überwiegt die Reaktion (3), wenn genügend NO vorhanden ist. NO wird nun vor allem in den Ballungsgebieten und an viel befahrenen Straßen erzeugt und bei der weiteren Ausbreitung durch den Wind bald zu NO_2 oxidiert. Deshalb wird Ozon in den Ballungsgebieten sowohl nachts als auch am Tage viel besser wieder abgebaut als in Reinluftgebieten (Abb. 13).

Radioaktivität

Die in der Kohle vorhandenen radioaktiven Stoffe – Uran und Thorium sowie ihre radioaktiven Zerfallsprodukte – werden zum Teil mit den Feinstäuben über den Kraftwerkskamin in der Umgebung verteilt. Mit dem Staub werden diese radioaktiven Stoffe – Metalle wie Radium und radioaktives Blei – eingeatmet und können in die Blutbahn gelangen. Sie werden vor allen Dingen in den Knochen abgelagert und führen dort zu einer Strahlenbelastung. Radioaktive Stoffe werden auch von Kernkraftwerken emittiert; hier sind es vor allem radioaktive Spalt- und Aktivierungsprodukte wie Jod-131, Krypton-85, Strontium-90, Tritium, die sich im Körper unterschiedlich verteilen: Jod konzentriert sich vorzugsweise in der Schilddrüse, Strontium in den Knochen, während ein Edelgas wie Krypton, da es keine chemischen Verbindungen eingeht, im Körper auch nicht eingebaut werden kann.

Radioaktive Stoffe können durch ihre Strahlung das Krebsrisiko erhöhen, sie wirken also ähnlich wie gewisse Kohlenwasserstoffe oder Metalle. Die vor einigen Jahren geäußerte Vermutung, sie würden in den vorhandenen Konzentrationen auch Waldschäden bewirken, konnte nicht belegt werden.

Tabelle 5 gibt einen Überblick über die wichtigsten potentiellen Schadstoffwirkungen im Vergleich der Verbrennung fossiler Energieträger mit der Kernenergie.

Tabelle 5. Schadstoffwirkungen aus der Verbrennung fossiler Energieträger und aus Kernenergie.

Schädigende Wirkung	Verbrennung fossiler Stoffe	Kernenergie
Herz und Kreislauf, Atmungsorgane	SO_2, H_2SO_4, NO_x, HNO_3 O_3, Stäube, C_mH_n	
Kanzerogen, Mutagen	As, Cd, Hg, Pb, V, Benz-A-pyren, Benzol, Ra-226, Pb-210, Po-210	Kr-85, J-131, Cs-137, Sr-90
Wälder, Bauwerke	SO_2, H_2SO_4, NO_x, HNO_3, O_3, C_mH_n	

Weitere Auswirkungen von Luftschadstoffen: Bauschäden, Waldschäden

Die meisten Menschen halten sich den größten Teil der Zeit in Gebäuden auf, wo die Konzentration der energiebedingten Luftschadstoffe gewöhnlich deutlich geringer ist als im Freien. Bauwerke und Pflanzen sind den Luftschadstoffen jedoch ständig ausgesetzt, so daß bei ihnen Wirkungen auch auftreten können, wenn durch Umweltschutzmaßnahmen dafür gesorgt wurde, daß die Immissionen für die menschliche Gesundheit tolerierbar sind.

Der saure Regen wirkt insgesamt korrosiv auf Metalle; bei Stahlbauwerken (wie z. B. Brücken) wird dies duch entsprechende Überdimensionierung berücksichtigt. Die Schwefelsäure greift aber auch Baustoffe an und zersetzt sie. Besonders empfindlich sind kalkhaltige Steine wie Kalksandstein und Marmor, aber auch ungeschützter Kalkmörtel. So müssen für den Erhalt von Baudenkmälern erhebliche Aufwendungen für die Ausbesserung und Konservierung gemacht werden, beim Kölner Dom sind es jährlich mehr als 5 Millionen DM. Ein anderes Beispiel ist der Verfall der Akropolis. Sandsteinplastiken, die im Freien stehen, werden heute oft durch witterungsbeständige Kopien ersetzt; die Originale werden in Museen gebracht.

Ende der siebziger Jahre begannen in Mitteleuropa großflächige Waldschäden in einem Umfang aufzutreten, wie er bisher nicht bekannt war. Die Erforschung der Ursachen dieser neuen Waldschäden ergab bisher, daß Luftschadstoffe zwar eine maßgebliche Rolle spielen, als alleinige Ursache aber nicht in Betracht kommen. Wettereinflüsse, etwa längere Trockenperioden, für die Böden schlecht geeigneter Baumbestand und

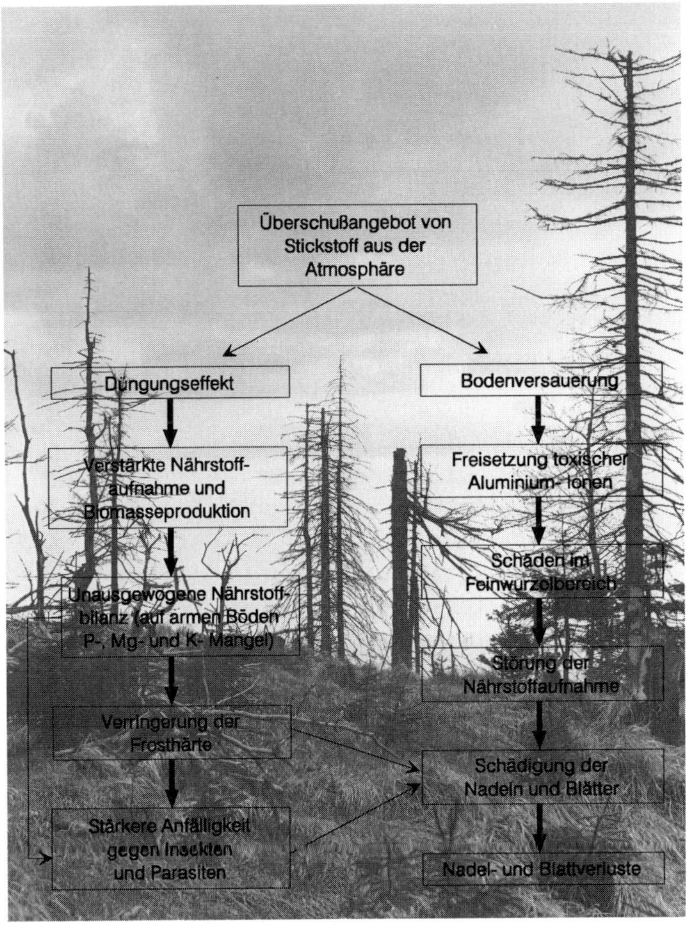

Abb. 14. Schematisierter Schädigungsablauf bei Bäumen,ausgelöst durch ein Überangebot von Stickstoff. Die Deposition von Stickstoff aus der Atmosphäre bewirkt sowohl einen Düngungseffekt wie eine verstärkte Bodenversauerung. Dies ist nur eine von mehreren Hypothesen für die Waldschäden. (Quelle: KFA Jülich, 1987).

die Altersstruktur der Bäume spielen eine ebenso große Rolle.

Bei den Luftschadstoffen sind es vor allem folgende Effekte:

- Bodenversauerung durch sauren Regen,
- Schädigung von Blättern und Nadeln durch Schwefeldioxid und Ozon,
- Düngung durch Stickoxide über Blätter und Nadeln, wobei den Pflanzen dann nicht mehr genug andere notwendige Stoffe (wie Magnesium, Kalium, Phosphor) über die Wurzelaufnahme zur Verfügung stehen.

Die Schäden lassen sich jedoch nur in einzelnen Fällen einzelnen Schadstoffwirkungen zuordnen. Abb. 14 zeigt als Beispiel den Schädigungsverlauf bei Bäumen durch ein Überangebot von Stickstoff.

Übersicht über die emittierten Schadstoffmengen

Chemische Schadstoffe

Die zeitliche Entwicklung der Jahresemissionen der mengenmäßig wichtigsten Luftschadstoffe ist in den Abb. 15 – 17 dargestellt. Die Veröffentlichung eines konsistenten Zahlenbildes geschieht mit einer gewissen Verzögerung, denn die Werte müssen aus zahlreichen Daten von Einzelanlagen ermittelt werden, die teilweise mit Fehlern behaftet sind. Bei Großanlagen findet zwar eine kontinuierliche Überwachung statt, für kleinere Anlagen kann aber nur mit Hilfe von typischen Emissionswerten hochgerechnet werden. Für die Kraftfahrzeuge

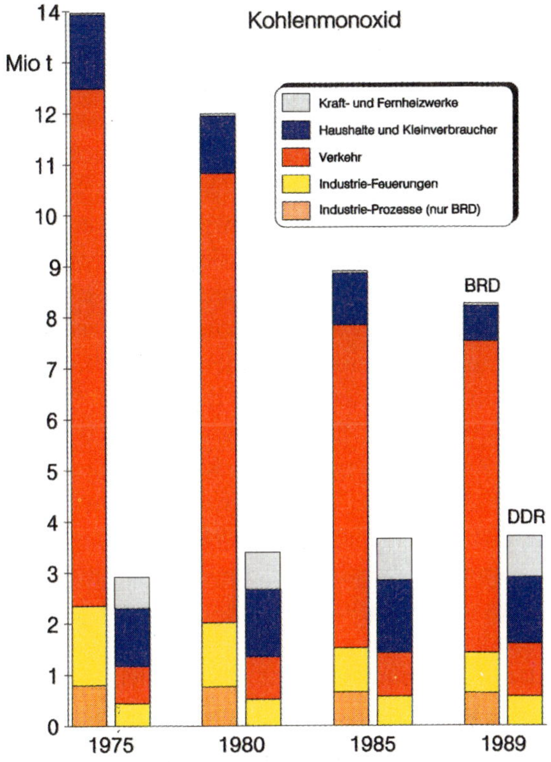

Abb. 15. Emission von Kohlenmonoxid in Deutschland 1975 bis 1989. Zahlen über die Emissionen aus (nicht energiebedingten) industriellen Prozessen in der DDR lagen nicht vor. (Quelle: Umweltbundesamt, Daten zur Umwelt 1990/91)

können die Emissionen aus möglichst repräsentativen Messungen und aus Abschätzungen für die Fahrzeugleistungen bei unterschiedlicher Betriebsweise (Autobahn, Überland-, Stadtverkehr) hochgerechnet werden. So lassen sich aus einer Vielzahl von Einzelangaben die gesamten Emissionen in Deutschland abschätzen.

Der Verlauf bei den einzelnen Schadstoffen ist sehr unterschiedlich. Die Kohlenmonoxid-Emissionen sind in den 70er Jahren in den alten Bundesländern im Haushaltsbereich und in kleineren Industriefeuerungen als Folge der Substitution von Kohle durch Öl und Gas wesentlich zurückgegangen. Der Ausstoß von Kohlenmonoxid bei Kraftfahrzeugen nahm mit der Anzahl der Kraftfahrzeuge und ihrer Verkehrsleistung bis Mitte der 70er Jahre zu, bis der Gesetzgeber den Ausstoß an Kohlenmonoxid bei Kraftfahrzeugen begrenzte. Die Kohlenmonoxid-Emissionen in den neuen Bundesländern entstehen im wesentlichen durch die Verfeuerung von Braunkohle in Einzelöfen und durch die Fahrleistung von Kraftfahrzeugen ohne Katalysator.

Als Folge der EG-weiten Umweltbeschlüsse für Kraftfahrzeuge im Jahre 1986 erwartet das Umweltbundesamt für die alten Bundesländer einen weiteren Rückgang der Emissionen an Kohlenmonoxid. In den neuen Bundesländern sind zwei gegenläufige Trends vorhanden: Zum einen nimmt die Fahrleistung – überwiegend noch mit gebrauchten Fahrzeugen ohne geregelten Katalysator – zu, zum anderen erfolgt in den nächsten Jahren eine Umstellung der braunkohlegefeuerten Einzelöfen auf Zentralheizungen und auf andere Energieträger. Da die Schnelligkeit dieser Umstellung nicht abschätzbar ist, ist deshalb derzeit nicht voraussagbar, wie schnell sich die Kohlenmonoxidemissionen in den neuen Bundesländern verringern werden.

Trotz der großen Mengen spielt die CO-Belastung großräumig nur eine untergeordnete Rolle.

Hauptemittenten von Stickoxiden sind die Kraftfahrzeuge (Pkw- und Lkw-Verkehr) und die Kesselanlagen in den Kraftwerken und der Industrie. Die gesetzlichen Auflagen für industrielle Feuerungsanlagen haben dazu geführt, daß der Ausstoß an Stickoxiden aus den

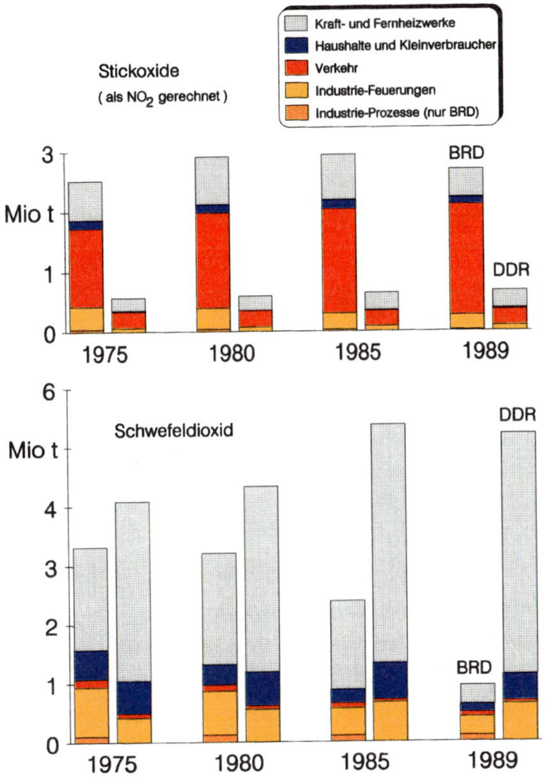

Abb. 16. Emission von Stickoxiden (NO_x) und Schwefeldioxid (SO_2) in Deutschland 1975 bis 1989. Zahlen über die Emissionen aus (nicht energiebedingten) industriellen Prozessen in der DDR lagen nicht vor.(Quelle: Umweltbundesamt, Daten zur Umwelt 1990/91).

Kraftwerken der öffentlichen Stromversorgung in den alten Bundesländern von rund 750 000 t/a im Jahre 1983 auf ca. 210 000 t/a im Jahre 1991 verringert wurde.

Für die neuen Bundesländer gelten die gleichen gesetzlichen Vorgaben und Grenzwerte wie in den alten Bundesländern, mit einer Übergangszeit bis Sommer

1996, so daß bis dahin eine erhebliche Reduktion eintreten wird. Mittelfristig wird der Verkehrssektor der Hauptverursacher für Stickoxidemissionen bleiben.

Bei den Bemühungen zur Energieeinsparung wurde in der Vergangenheit versucht, den Brennstoff mit möglichst hohen Flammtemperaturen optimal auszunutzen. Das Ziel der rationellen Energieverwendung lief dabei dem Ziel der stickoxidarmen Verbrennung durch geringe thermische Stickoxidbildung zuwider.

Die im Jahr 1989 verhältnismäßig geringen Emissionen in der damaligen DDR erklären sich aus dem im Vergleich zu den alten Bundesländern niedrigen Verkehrsaufkommen sowie als Folge der schlechteren Energienutzung in den Feuerungen. Wegen der niedrigeren Flammtemperaturen wurden weniger thermische Stickoxide erzeugt.

Hauptemittenten von Schwefeldioxid sind die Kraftwerke und die Industriefeuerungsanlagen. Obwohl sich der Brennstoffverbrauch in absoluten Zahlen erhöhte, konnte in den alten Bundesländern durch den Bau von Entschwefelungsanlagen eine erhebliche Reduktion des Ausstoßes erreicht werden. Alleine die Emissionen aus Kraftwerken der öffentlichen Stromversorgung gingen in den alten Bundesländern von 1,5 Mio t im Jahre 1983 auf 0,2 Mio t im Jahre 1993 zurück. Der extrem hohe Schwefeldioxidausstoß in der früheren DDR – zuletzt etwa 5 Mio t pro Jahr – erklärt sich zum einen daraus, daß die Kraftwerke ohne Entschwefelungsanlagen betrieben wurden, zum anderen aber auch daraus, daß die ostdeutsche Braunkohle im Mittel wesentlich höhere Schwefelgehalte als die westdeutsche Braun- und Steinkohle aufweist. Da die Feuerungsanlagen bis Sommer 1996 die gleichen Grenzwerte wie in den alten Bundesländern erfüllen müssen, wird sich die Schwefeldioxidemission in den neuen Bundesländern erheblich verringern.

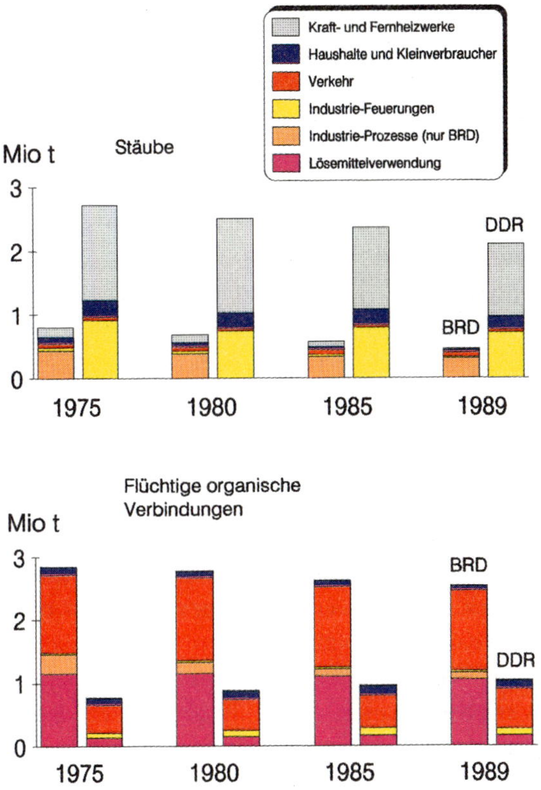

Abb. 17. Emission von Stäuben und flüchtigen organischen Verbindungen in Deutschland 1975 bis 1989. Zahlen über die Emissionen aus (nicht energiebedingten) industriellen Prozessen in der DDR lagen nicht vor.(Quelle: Umweltbundesamt, Daten zur Umwelt 1990/91).

Vergleichbares wie bei Schwefeldioxid gilt auch für die Staubemissionen. Hauptemittenten sind Kraftwerke, Industriefeuerungen und Produktionsprozesse. Der sehr hohe Wert für die Staubemissionen in den neuen Bundesländern im Jahre 1989 erklärt sich – wie beim

Schwefeldioxid – aus dem Fehlen von Filteranlagen. Auch hier ist davon auszugehen, daß aufgrund der gesetzlichen Anforderungen die Staubemissionen in den neuen Bundesländern in der zweiten Hälfte der 90er Jahre wesentlich zurückgehen werden.

Eine gewisse Sonderstellung nehmen organische Verbindungen ein. Zum einen sind unter diesem Begriff eine Vielzahl von chemischen Substanzen zusammengefaßt, zum anderen sind die emittierten Mengen etwa zur Hälfte auf die Verdunstung der Vergaserkraftstoffe und der verschiedenen Lösemittel, die in der Industrie, im Gewerbe und beim privaten Verbraucher eingesetzt werden, zurückzuführen. Für den Anteil, der der Energieumwandlung zugeordnet werden kann, sind die Kohlenwasserstoffe, die von den Fahrzeugen ausgestoßen werden, die wichtigsten Verursacher. Gemeinsam mit Stickoxiden und Kohlenmonoxid werden sie in Dreiwegekatalysatoren weitgehend zu den ungiftigen Stoffen Kohlendioxid, Stickstoff und Wasser umgewandelt. So wird als Folge der Gesetzgebung im Verkehrsbereich eine Abnahme der organischen Verbindungen erwartet.

Zur Reduzierung der Kohlenwasserstoffemissionen beim Betanken werden auf dem Verordnungswege Vorschriften eingeführt (siehe S. 99), desgleichen wird durch die Einführung von Lacken auf Wasserbasis der Lösemittelanteil und damit die Verdunstungsrate von Kohlenwasserstoffen weiter reduziert.

Aufschlußreich ist auch die relative Entwicklung der Jahresemissionen untereinander und im Vergleich mit dem Primärenergieverbrauch in den alten Bundesländern. Aus Abb. 18 geht hervor, daß zwar seit 1966 der Primärenergieverbrauch um ein Drittel zunahm, die Emissionen an Staub, Schwefeldioxid und Kohlenmonoxid jedoch erheblich zurückgegangen sind. Bedingt

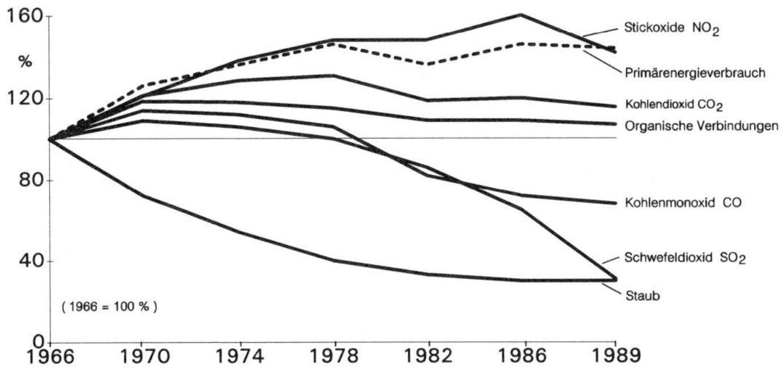

Abb. 18. Relative Entwicklung der Jahresemissionen und des Primärenergieverbrauchs in den alten Bundesländern (Die Werte des Jahres 1966 wurden zu 100 gesetzt).

durch die erhebliche Zunahme der Verkehrsleistungen und die relativ späte Einführung von schadstoffreduzierten Motoren stiegen die Emissionen von organischen Verbindungen und Stickoxiden dagegen noch nennenswert an und werden erst mittelfristig zurückgehen.

Wegen des verstärkten Einsatzes von Kernenergie und Erdgas nahm der Kohlendioxidausstoß nicht im gleichen Maße zu wie der Primärenergieverbrauch.

Die Emissionen fallen regional unterschiedlich an. Die SO_2-Emissionen in den alten Bundesländern entstehen beispielsweise in den Ballungsräumen, insbesondere in Nordrhein-Westfalen, wegen der dort ansässigen kohlegefeuerten Industrieanlagen und Kraftwerke (Abb. 19). Die NO_x-Emissionen sind dagegen eng mit der Verkehrsdichte in den Ballungsräumen und auf den Fernstraßen verknüpft, wie deutlich aus Abb. 20 hervorgeht.

Abb. 19. Verteilung der Schwefeldioxidemissionen in den alten Bundesländern 1986 (*schwarz:* Gebiete mit Emissionen über 2,4 t/km^2. Nach: Umweltbundesamt, Daten zur Umwelt 1988/89).

Abb. 20. Verteilung der Stickoxidemissionen in den alten Bundesländern 1986 (*schwarz:* Gebiete mit Emissionen über 6,2 t/km^2. Nach: Umweltbundesamt, Daten zur Umwelt 1988/89).

Radioaktive Stoffe

Die radioaktiven Emissionen werden in Bequerel angegeben, der Zahl der radioaktiven Zerfälle pro Sekunde. Wie Abb. 21 zeigt, stieg die Stromerzeugung in Kernkraftwerken von 1970 bis 1987 auf das Zwanzigfache. Die Ableitung radioaktiver Edelgase (und ganz ähnlich die von Jod-131 sowie von Spalt- und Aktivierungsprodukten über die Abluft) nahm hingegen auf ein Zwanzigstel ab, die Tritiumabgaben über das Abwasser nahmen jedoch auf das Zehnfache zu.

Die Bequerel-Angaben sagen so gut wie nichts über die tatsächliche Gefährlichkeit aus, diese ist bei einzelnen Nukliden sehr verschieden. So beträgt zum Beispiel bei gleicher über den Kamin abgegebener Aktivitätsmenge (in Bequerel) die Strahlenexposition des Menschen durch das radioaktive Edelgas Krypton-85 weniger als ein Millionstel der Strahlendosis (effektive Äquivalentdosis) durch Jod-131. Aussagekräftiger als die Emissionen in Bequerel sind deshalb die daraus resultierenden Strahlendosen, auf die bei der Betrachtung der Immissionssituation (s. S. 111) eingegangen wird. Umfangreiche Zahlenangaben über die radioaktiven Emissionen und die daraus resultierenden Strahlendosen enthalten die Berichte »Umweltradioaktivität und Strahlenbelastung im Jahre XX«, die jährlich vom Bundesumweltministerium herausgegeben werden.

Abb. 21. Stromerzeugung der Kernkraftwerke sowie deren Radioaktivitätsabgaben (auszugsweise) von 1970 bis 1987 in der Bundesrepublik Deutschland (Quelle: Bundesumweltministerium: Umwelt '90, 1990). ▶

BRUTTOSTROMERZEUGUNG DER KERNKRAFTWERKE IN DER BUNDESREPUBLIK DEUTSCHLAND FÜR DEN ZEITRAUM VON 1970 BIS 1987

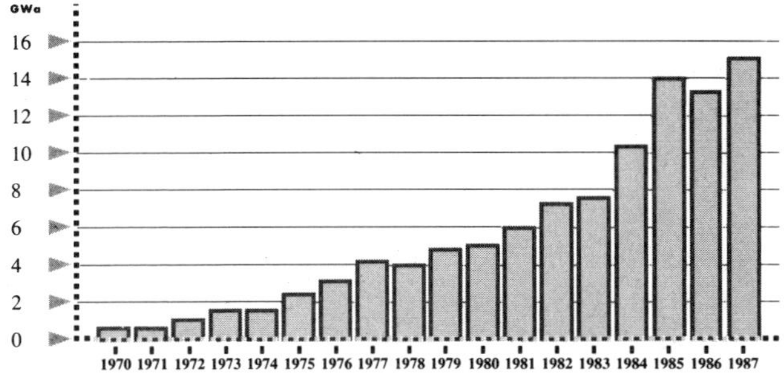

GESAMTMENGE RADIOAKTIVER EDELGASE, DIE BUNDESDEUTSCHE KERNKRAFTWERKE IM ZEITRAUM VON 1970 BIS 1987 ÜBER DIE ABLUFT ABGELEITET HABEN

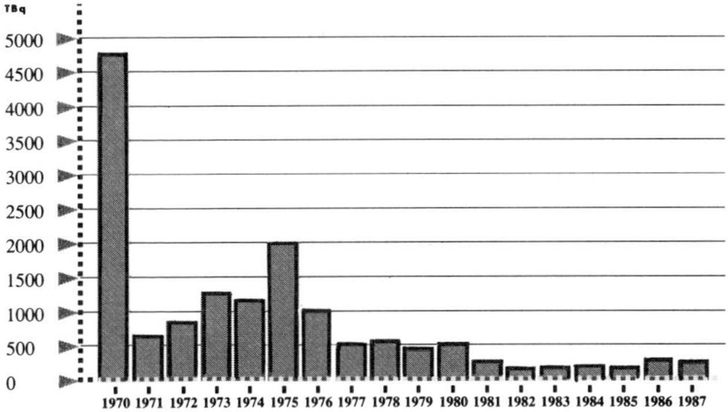

GESAMTMENGE VON TRITIUM, DIE BUNDESDEUTSCHE KRAFTWERKE IM ZEITRAUM VON 1970 BIS 1987 ÜBER ABWÄSSER ABGELEITET HABEN

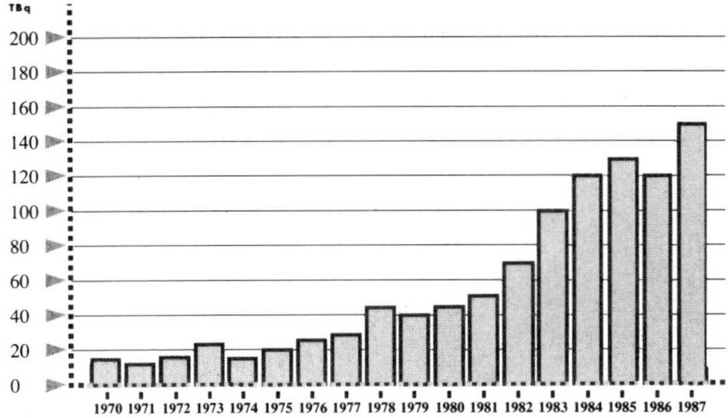

Maßnahmen zur Reduzierung der Emissionen

Am einfachsten lassen sich die Emissionen reduzieren, wenn weniger Energie genutzt wird, wie bereits erläutert, durch weniger Gebrauch von Nutzenergie und durch rationellere Energiewandlung. Dafür gibt es zahllose Möglichkeiten, die jedoch oft mit einer gewissen Komfort-Einbuße oder mehr oder weniger großen Investitionen verbunden sind. Das kann hier nicht im einzelnen dargestellt werden. In diesem Buch wird vielmehr beschrieben, wie die Gesellschaft bei einem gewissen gegebenen Energiebedarf mit dem Problem der energiebedingten Umweltbelastungen umgeht.

Gesetze und Verordnungen

Seit 1972 ist in der Bundesrepublik Deutschland als Folge einer Grundgesetzänderung der Bund für die Gesetzgebung bei der Abfallbeseitigung, der Luftreinhaltung und der Lärmbekämpfung zuständig. Die praktische Durchführung und Überwachung liegt jedoch bei den Ländern.

Im Jahre 1974 verabschiedete der Bundestag das Bundesimmissionsschutzgesetz (BImSchG). Auf der Basis dieses Gesetzes wurde in der Zwischenzeit eine Vielzahl von Verordnungen erlassen, die sowohl anlagenbezogenen, produktbezogenen als auch gebietsbezogenen Immissionsschutz regeln. Darüber hinaus gibt es Verwaltungsvorschriften. Eine Auswahl der bis 1989 erlassenen Verordnungen enthält Abb. 22.

Abb. 22. Auswahl von Verordnungen, die auf Basis des Bundesimmissionsschutzgesetzes bis 1989 erlassen wurden (nach Baumbach 1990). ▸

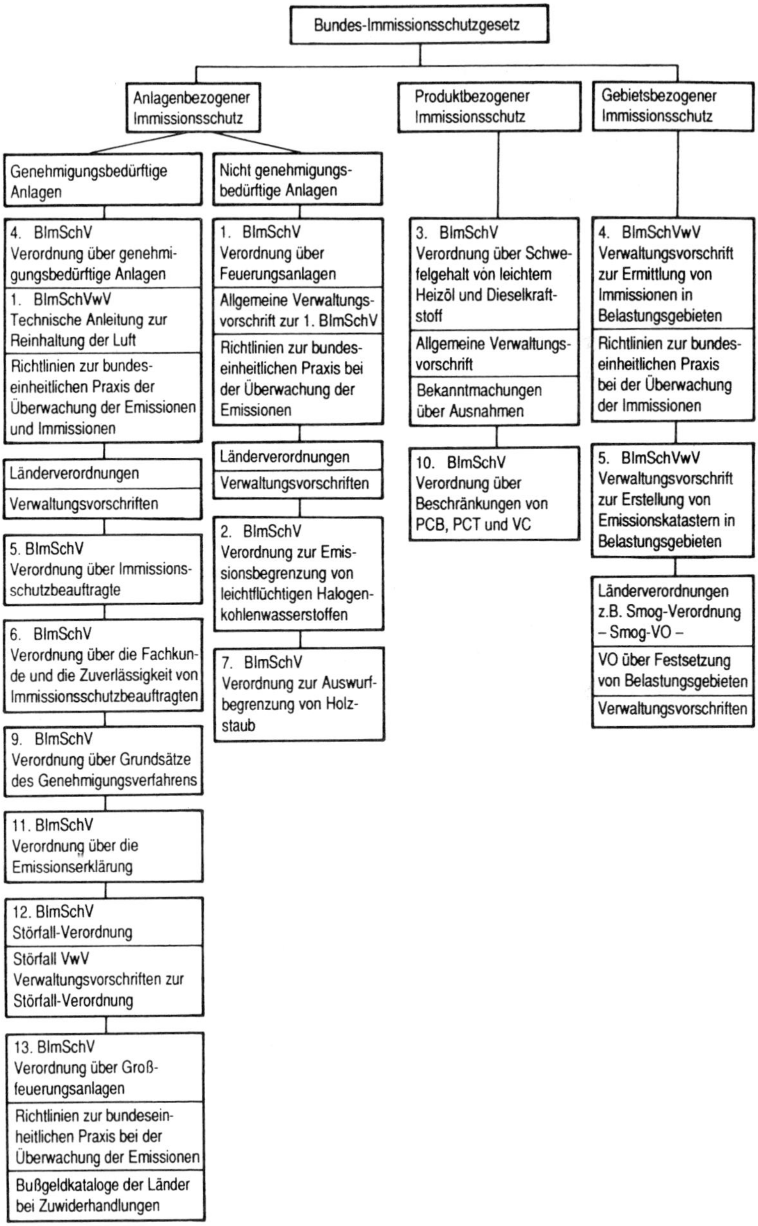

Bundes-Immissionsschutzgesetz
Anlagenbezogener Immissionsschutz
Produktbezogener Immissionsschutz
Gebietsbezogener Immissionsschutz
Genehmigungsbedürftige Anlagen
Nicht genehmigungs-bedürftige Anlagen
4. BImSchV Verordnung über genehmi-gungsbedürftige Anlagen
1. BImSchVwV Technische Anleitung zur Reinhaltung der Luft
Richtlinien zur bundes-einheitlichen Praxis der Überwachung der Emissionen und Immissionen
Länderverordnungen
Verwaltungsvorschriften
5. BImSchV Verordnung über Immissions-schutzbeauftragte
6. BImSchV Verordnung über die Fachkun-de und die Zuverlässigkeit von Immissionsschutzbeauftragten
9. BImSchV Verordnung über Grundsätze des Genehmigungsverfahrens
11. BImSchV Verordnung über die Emissionserklärung
12. BImSchV Störfall-Verordnung
Störfall VwV Verwaltungsvorschriften zur Störfall-Verordnung
13. BImSchV Verordnung über Groß-feuerungsanlagen
Richtlinien zur bundesein-heitlichen Praxis bei der Überwachung der Emissionen
Bußgeldkataloge der Länder bei Zuwiderhandlungen
1. BImSchV Verordnung über Feuerungsanlagen
Allgemeine Verwaltungs-vorschrift zur 1. BImSchV
Richtlinien zur bundes-einheitlichen Praxis bei der Überwachung der Emissionen
Länderverordnungen
Verwaltungsvorschriften
2. BImSchV Verordnung zur Emis-sionsbegrenzung von leichtflüchtigen Halogen-kohlenwasserstoffen
7. BImSchV Verordnung zur Auswurf-begrenzung von Holz-staub
3. BImSchV Verordnung über Schwe-felgehalt von leichtem Heizöl und Dieselkraft-stoff
Allgemeine Verwaltungs-vorschrift
Bekanntmachungen über Ausnahmen
10. BImSchV Verordnung über Beschränkungen von PCB, PCT und VC
4. BImSchVwV Verwaltungsvorschrift zur Ermittlung von Immissionen in Belastungsgebieten
Richtlinien zur bundes-einheitlichen Praxis bei der Überwachung der Immissionen
5. BImSchVwV Verwaltungsvorschrift zur Erstellung von Emissionskatastern in Belastungsgebieten
Länderverordnungen z.B. Smog-Verordnung – Smog-VO –
VO über Festsetzung von Belastungsgebieten
Verwaltungsvorschriften

Für den privaten Alltag haben insbesondere die Verordnung über Kleinfeuerungsanlagen (1. BImSchV) und die Verordnung über den Schwefelgehalt von leichtem Heizöl und Dieselkraftstoff (3. BImSchV) Bedeutung. In der ersten werden Grenzwerte für kleinere Feuerungsanlagen, wie Heizungsanlagen in Haushalten und Gewerbe, vorgeschrieben. Um den apparativen Aufwand zur Reduzierung der Emissionen in Grenzen zu halten, werden ergänzend in der zweiten Verordnung Maximalwerte für den Schwefelgehalt von leichtem Heizöl und Dieselkraftstoff in Höhe von 0,2 % vorgeschrieben. In der Praxis wird dieser Wert meist wesentlich unterschritten. Ein EG-Beschluß sieht bei Dieselkraftstoff eine Reduktion auf 0,05 % ab Oktober 1996 vor.

Für die Stromerzeugung und für große industrielle Feuerungsanlagen zur Prozeßwärmeversorgung sind zwei Verordnungen von weitreichender Bedeutung:

- die Verordnung über Großfeuerungsanlagen (13. BImSchV, auch oft »GFAVO« genannt),
- die erste Verwaltungsvorschrift zum Bundesimmissionsschutzgesetz, die Technische Anleitung zur Reinhaltung der Luft (1. BImSchVwV, auch als »TA-Luft« bezeichnet).

Für Feuerungsanlagen mit einer Wärmeleistung von mehr als 100 MW ist die GFAVO maßgebend, sie enthält nur Emissionsgrenzwerte.

Die TA-Luft gilt für Anlagen von 10 bis 100 MW Wärmeleistung und enthält Emissions- und Immissionsvorgaben. Bei ihrer zweiten Novellierung im Jahre 1986 wurde der Emissionsteil, der die Emissionsbegrenzungen für alle genehmigungsbedürftigen Anlagen (außer GFAVO) regelt, an den Stand der Technik angepaßt. In

Tabelle 6. Ausgewählte Emissionsgrenzwerte der GFAVO von 1983 für feste Brennstoffe und daraus resultierende maximale Emission für ein Steinkohlekraftwerk.

Schadstoff	Grenzwerte in mg/m^3		Max. Jahresemission eines Steinkohlekraftwerks von 750 MW_{el} mit Staubfeuerung[a]
	Anlagen $\leq 100 MW_{th}$	Anlagen $> 300 MW_{th}$	
NO_x (als NO_2 gerechnet)	800 400[b]	800 (T) 1800 (S) 200[b]	16 000 t 36 000 t 4 100 t
SO_2	2000 Wirbelschichtfeuerung 400 o. 25%[c]	400 und 15%[c]	6 200 t
CO	250		350 t
C_mH_n			195 t
HCl	200	100	430 t
HF	30	15	92 t
Staub	50		1 050 t
			Im Staub: 520 kg Arsen 35 kg Cadmium 620 kg Chrom 310 kg Kupfer 900 kg Quecksilber 720 kg Nickel 2400 kg Blei 900 kg Selen 31 kg Uran 2900 kg Zink
			Radioaktivität: α-Strahler (Radon) 42 GBq (T), 58 GBq (S) β-Strahler (Blei) 2 GBq (T), 5,5GBq(S)

[a] Nach KfK 3266 (1982).

[b] Nach Empfehlung der Umweltministerkonferenz von 1984.

[c] Maximal der angegebene Prozentsatz des SO_2 im Rauchgas darf emittiert werden.

(T) Trockenfeuerung

(S) Schmelzkammerfeuerung

der neuen Fassung erfaßt die TA-Luft praktisch die gesamte Industrie, die Stahlwerke, Bleihütten, Zementwerke oder Chemieanlagen sowie die nicht von der GFAVO erfaßten Feuerungsanlagen der Industrie. Außerdem wurden bei kritischen staubförmigen Immissionen wie Blei, Cadmium, Nickel, Quecksilber, Cyaniden und Fluoriden die Grenzwerte nach dem Grad der Schädlichkeit gestaffelt. Die Liste der rund 120 organischen Verbindungen wurde auf den neuesten Stand gebracht und die Grenzwerte für ihre Immissionen wurden herabgesetzt. Für kleinere Feuerungsanlagen wurden die Emissionswerte für Schwefeldioxid und Stickstoffoxide in enger Anlehnung an die GFAVO und den Beschluß der Umweltminister-Konferenz zur Stickoxidbegrenzung festgelegt.

In Tabelle 6 sind ausgewählte Grenzwerte für die Emissionen von Feuerungsanlagen mit Kohlefeuerung nach der GFAVO zusammengestellt. Für Stickoxide enthält die Verordnung zusätzlich zu den Emissionsgrenzwerten eine Dynamisierungsklausel »... die Möglichkeiten, die Emissionen durch feuerungstechnische oder andere, dem Stand der Technik entsprechende Maßnahmen weiter zu vermindern, sind auszuschöpfen«.

Die Konferenz der Umweltminister des Bundes und der Länder hat diese Dynamisierungsklausel genutzt, um relativ früh Grenzwerte vorzugeben, die von den Behörden in den Genehmigungsverfahren angewandt werden.

Im Anhang wird am Beispiel eines Auszugs aus dem Verordnungstext der GFAVO gezeigt, wie detailliert der Gesetzgeber die Emissionen von Feuerungsanlagen regelt. Aus den Abb. 23 und 24 geht hervor, wie innerhalb von rund 10 Jahren die zulässigen Emissionsgrenzwerte für Schwefeldioxid und Stickoxide stufenweise abgesenkt wurden.

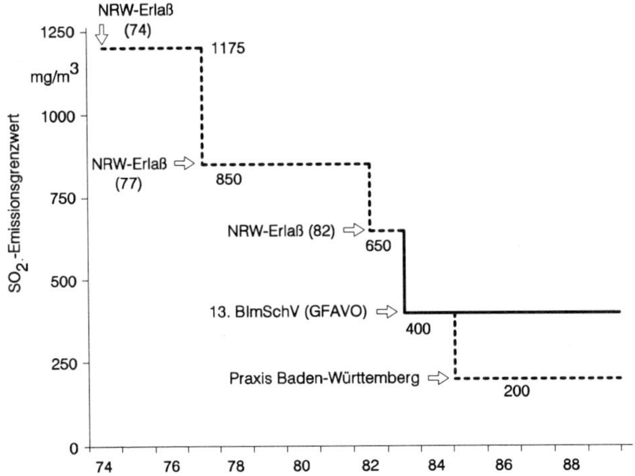

Abb. 23. Stufenweises Absenken des Grenzwertes für die Schwefeldioxidemissionen von neuen Kraftwerken (NRW = Nordrhein-Westfalen).

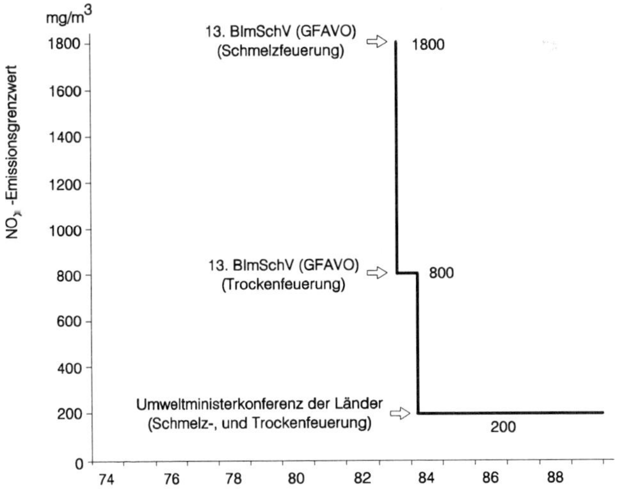

Abb. 24. Entwicklung der Grenzwerte für Stickoxidemissionen von neuen Kraftwerken.

Über die Anforderung von 200 mg/m^3 Stickoxid und 400 mg/m^3 Schwefeldioxid geht die 1990 erlassene 17. BImSchV, die allerdings nur für Abfall- und Müllverbrennungsanlagen gilt, noch hinaus. Sie schreibt für Stickoxide höchstens 100 mg/m^3 und für Schwefeldioxid höchstens 50 mg/m^3 vor. Alle bestehenden Müllverbrennungsanlagen (und Müllheizkraftwerke) müssen bis Ende 1996 auf die Anforderungen dieser Verordnung nachgerüstet werden, in Nordrhein-Westfalen bereits ein Jahr früher.

Da ein erheblicher Teil der Emissionen aus Kraftwerken und großen Feuerungsanlagen über weite Entfernungen über die deutschen Grenzen hinweg transportiert wird, erbringt ein extrem niedriger Grenzwert letztendlich für die Verringerung der Deposition in Deutschland keinen nennenswerten Nutzen. Es ist dann sinnvoller, das Geld, das für die Einhaltung der niedrigeren Grenzwerte investiert werden müßte, in ausländische Anlagen zu investieren, um deren Emissionsniveau und damit die Deposition der Luftschadstoffe aus diesen Anlagen in Deutschland zu senken.

Für die Nachrüstung auf die vorgeschriebenen Grenzwerte wurden in der GFAVO jeweils Fristen benannt. Inzwischen sind in den alten Bundesländern alle Kraftwerke auf die Anforderungen der Verordnung umgerüstet worden. Für Altanlagen, die innerhalb eines bestimmten Zeitraumes aus Altersgründen stillgelegt werden sollen, wurden Restnutzungszeiten vorgegeben, in denen dann höhere Grenzwerte als für die Neuanlagen gelten. Bis zum April 1993 müssen alle Anlagen dieser Art in den alten Bundesländern stillgelegt sein.

Anschaulicher als die in den Verordnungen festgelegten spezifischen Werte für die Emissionen sind die Absolutwerte, die unter der Annahme, daß die Grenzwerte ausgeschöpft werden, errechnet werden.

Tabelle 6 zeigt am Beispiel ausgewählter Emissionsgrenzwerte der GFAVO für feste Brennstoffe die maximalen Jahresemissionen eines Steinkohlekraftwerkes von 750 MW Leistung in absoluten Einheiten.

In der Praxis werden die Grenzwerte der GFAVO zum Teil unterschritten. Die Vereinigung Deutscher Elektrizitätswerke (VDEW) wertete beispielsweise für das Jahr 1991 die Meßergebnisse der Kraftwerke in den alten Bundesländern aus. Danach errechnen sich – gemittelt über alle relevanten Energieträger bei der Stromerzeugung – 260 mg SO_2/m^3 Rauchgas (Grenzwert für Neuanlagen: 400 mg/m^3) und 245 mg NO_x/m^3 Rauchgas. Letzterer Wert bedarf der Erläuterung: Als statistischer Mittelwert über alle Kraftwerke enthält er auch die nicht mit Entstickungsanlagen nachgerüsteten Altanlagen, die bis Ende 1993 in den alten Bundesländern stillgelegt werden müssen. Neuanlagen und mit Katalysator nachgerüstete Altanlagen dagegen unterschreiten den Wert von 200 mg NO_x/m^3.

Der Mittelwert für Staub beträgt 1991 – bezogen auf die Stromerzeugung aus Steinkohle und Braunkohle – 15 mg Staub/m^3 Rauchgas; der Grenzwert liegt bei 50 mg/m^3.

Den »Fahrplan« für die Einführung von Umweltstandards in den neuen Bundesländern zeigt Tabelle 7 am Beispiel der GFAVO. Mit dem Einigungsvertrag gelten auch das Bundesimmissionsschutzgesetz und seine Verordnungen. Anlagen, die nicht innerhalb einer bestimmten Übergangszeit stillgelegt werden, müssen spätestens ab Sommer 1996 alle Anforderungen erfüllen, spätestens ab 1. April 1999 sind alle Ausnahmeregelungen ausgelaufen.

Die VEAG, Vereinigte Energiewerke AG, das Strom-Verbundunternehmen in den neuen Bundesländern, beabsichtigt, acht Braunkohlenkraftwerksblöcke mit

Tabelle 7. Fristen für die Einführung der Großfeuerungsanlagenverordnung zur Begrenzung der Emissionen von Kraftwerken in den neuen Bundesländern. Ab Sommer 1996 müssen alle Kraftwerksanlagen, die weiterbetrieben werden sollen, umgerüstet sein, der Rest der Kraftwerke muß bis spätestens 1999 stillgelegt werden.

Ab 1. Juli 1990	Inkrafttreten der 13. BIMSchV, Fristbeginn laut Einigungsvertrag
Bis 30. Juni 1992	Schriftliche Erklärung der Restnutzungsstundendauer bzw. evtl. Herabsetzung der Feuerungswärmeleistung
Ab 1. Juli 1992	Beginn der Restnutzungsstundendauer
Ab 1. Juli 1993	Einhaltung der Schwefeldioxid-Emissionsbegrenzung nach § 20 Abs. 1 bei Verwendung eines schwefelarmen Brennstoffs
Ab 1. Juli 1996	Anlagen, für die keine Restnutzungsstundendauer erklärt wurde und weiterbetrieben werden, haben die Grenzwerte einzuhalten, für – Schwefeldioxid (§ 6) – Kohlenmonoxid (§ 18) – Stickoxide (§ 19)
Ab 1. April 1999	Ablauf aller Ausnahmeregelungen und Restnutzungsstundendauern, Grenzwerte für Neuanlagen nach §§ 3 – 16 (2. Teil) sind einzuhalten

einer Leistung von insgesamt 4000 MW in den Kraftwerken Jänischwalde und Boxberg umzurüsten. Bei den übrigen größeren Braunkohleblöcken in den fünf neuen Bundesländern lohnt sich eine Nachrüstung nach Auffassung der VEAG nicht. Sie gelten als technisch veraltet und werden nach Ablauf der Restnutzungsdauer stillgelegt. Zum Teil werden sie durch neue Kraftwerke ersetzt.

Neben dem bisher beschriebenen Bundesimmissionsschutzgesetz gelten weitere gesetzliche Vorgaben. Im Februar 1990 wurde in der Bundesrepublik eine EG-Richtlinie zur Umweltverträglichkeitsprüfung aus dem Jahre 1985 in ein Gesetz überführt. Zweck dieses Umweltverträglichkeitsprüfungsgesetzes (UVPG) ist es sicherzustellen, daß bei den im Gesetz festgelegten Vorhaben zur wirksamen Umweltvorsorge nach einheitlichen Grundsätzen

- die Auswirkungen auf die Umwelt frühzeitig und umfassend ermittelt, beschrieben und bewertet werden,
- das Ergebnis der Umweltverträglichkeitsprüfung so früh wie möglich bei allen behördlichen Entscheidungen über die Zulässigkeit berücksichtigt wird.

Die Umweltverträglichkeitsprüfung ist ein Teil des verwaltungsbehördlichen Genehmigungsverfahrens. Dieses Gesetz gilt für alle Anlagen, für die auch das oben beschriebene Bundesimmmissionsschutzgesetz gilt. Für den Bau von Hochspannungsleitungen, Pipelines, Abfallentsorgungsanlagen ist das Gesetz ebenfalls anzuwenden. Es gilt auch für größere Baumaßnahmen im infrastrukturellen Bereich, wie beispielsweise Straßen, Wasserstraßen, Eisenbahnlinien, Feriendörfer sowie industrielle bergbauliche Vorhaben. Das Gesetz selbst ist in vielen Punkten noch unvollständig und teilweise auch widersprüchlich zu bestehenden deutschen Verfahrensrichtlinien und Verordnungen. Es bedarf in der praktischen Anwendung in einer Reihe von Fällen noch der Ergänzung oder gegebenenfalls auch der richterlichen Auslegung.

Wesentlich ausgeprägter als bei Energieanlagen ist die EG-Zuständigkeit im Bereich des Verkehrswesens.

Wie die Diskussion um die Einführung des geregelten Katalysators in Pkw in der zweiten Hälfte der 80er Jahre deutlich gezeigt hat, sind hier nationale Alleingänge nicht mehr möglich. Der übliche Weg besteht darin, daß mit den EG-Richtlinien ein Rahmen geschaffen wird, der durch nationale Vorschriften ausgefüllt werden muß bzw. es den Mitgliedsstaaten ermöglichen soll, ihre bestehenden Vorschriften erforderlichenfalls an die auf Gemeinschaftsebene beschlossenen Grundsätze anzupassen. So sind sowohl das Benzinbleigesetz als auch Vorschriften in der Straßenverkehrszulassungsverordnung letztendlich durch EG-Richtlinien vorgegeben. Das Gleiche gilt auch für die Emissionsgrenzwerte für Pkw, gestaffelt nach Hubraumklassen.

Die gesetzlichen Vorgaben im Umweltbereich in Deutschland arbeiten – wie ausgeführt wurde – im wesentlichen mit der Vorgabe von Emissions- und Immissionsgrenzwerten. Andere Wege versucht man in den USA zu gehen. Um den Schwefeldioxidausstoß von rund 20 Mio t/a drastisch zu reduzieren, wurde im Jahre 1990 von der amerikanischen Regierung der »Clean-Air-Act« erlassen. Betroffen davon sind Kraftwerke mit einer elektrischen Leistung von mehr als 100 MW, das sind insgesamt rund 260 Kraftwerksblöcke an 110 Standorten in 21 Bundesstaaten. Jedem dieser Kraftwerke wird ein bestimmter Schwefeldioxidausstoß pro Jahr zugestanden als sogenanntes Verschmutzungs- bzw. Umweltnutzungsrecht. Die von der Behörde insgesamt festgelegte Schadstoffmenge wird jedoch derzeit von den Kraftwerken überschritten. Für dieses Mehr an Emissionen muß der Kraftwerksbetreiber »Lizenzen« von der Umweltbehörde oder aber von anderen Kraftwerken, die ihr Recht nicht voll ausnutzen, hinzukaufen.

Sinn dieses Handelns mit Emissionslizenzen ist es, die Anlagenbetreiber zu einer Senkung ihrer Emissionen mit den kostengünstigsten Maßnahmen zu veranlassen. Wer kostengünstig seine Emissionen reduzieren kann, wird dies tun und seine »Verschmutzungsrechte« an Betreiber verkaufen, für die eine Emissionsminderung teurer wäre als der Kauf der Zertifikate. Die »Verschmutzungslizenzen« sollen an der Börse gehandelt werden, so daß nicht nur Kraftwerksbesitzer, sondern auch Dritte sich diese Rechte erwerben können. Zudem will die amerikanische Umweltbehörde die bislang zugestandenen kostenlosen »Verschmutzungsrechte« schrittweise verringern, um weitere Anreize zu einer Reduzierung der Emissionen zu schaffen. Ab 1995 sollen in die Regelung auch alle fossil gefeuerten Kraftwerke kleinerer Bauart, mit einer elektrischen Leistung von mehr als 25 MW, einbezogen werden. Ziel des amerikanischen Vorgehens ist eine Begrenzung der jährlichen Schwefeldioxidemission auf knapp 9 Mio t bis zum Jahr 2000 mit marktwirtschaftlichen Instrumenten.

Für die friedliche Nutzung der Kernenergie bestand von Anfang an (seit 1959) das Atomgesetz, dazu mehrere Rechtsverordnungen sowie sonstige Vorschriften. Kerntechnische Anlagen – Kernkraftwerke und Anlagen zu deren Ver- und Entsorgung – bedürften grundsätzlich einer Genehmigung. Dabei sind umfangreiche sicherheitstechnische Regelwerke zu beachten und Gutachten von Sachverständigen einzuholen. Ein wichtiges Gutachtergremium des Bundesumweltministers ist die Reaktorsicherheitskommission. Die Einzelheiten des Genehmigungsverfahrens sind in der atomrechtlichen Verfahrensverordnung geregelt. Die Strahlenschutzverordnung enthält die Grenzwerte für die zulässige Strahlenexposition durch kerntechnische Anlagen für die Bevölkerung und für die Beschäftigten in sogenannten Kontrollbereichen. Aus den Grenzwerten für die Strahlenexposition der Umgebung werden im Genehmigungsverfahren für ein Kernkraftwerk (oder eine andere kerntechnische Anlage) die zulässigen Emissionen für radioaktive Stoffe festgelegt. Die tatsächlichen Emissionen liegen in der Regel unter 10 % der genehmigten Werte.

Die Grenzwerte der Strahlenschutzverordnung gelten für kerntechnische Anlagen in Deutschland im bestimmungsgemäßen Betrieb, der die immer wieder möglichen Betriebsstörungen mit einschließt. Sie können bei schweren Störfällen und Unfällen überschritten werden. Beim Unfall von Tschernobyl Ende April 1986 wurden große Mengen radioaktiver Stoffe in große Höhen freigesetzt, so daß sie auch nach Mitteleuropa gelangten. Die unterschiedlichen Empfehlungen der verschiedenen Länderbehörden in der Bundesrepublik Deutschland zum Verzehr von Nahrungsmitteln und die daraus folgende Verunsicherung der Bevölkerung waren Auslöser für das Strahlenschutzvorsorgesetz, das in vergleichbaren Fällen eine einheitliche Regelung vorsieht.

Inzwischen wirkt sich auch im Strahlenschutz das Recht der europäischen Gemeinschaft aus. Nationale Strahlenschutzregelungen müssen den vorhandenen EG-Richtlinien entsprechen, anderenfalls könnten sie angefochten oder von der EG für ungültig erklärt werden.

Technische Maßnahmen

Grundsätzlich bestehen zwei Möglichkeiten, den Schadstoffausstoß zu verringern:

- Verhinderung der Entstehung von Schadstoffen, das heißt Optimierung der Feuerungsanlagen durch sogenannte Primärmaßnahmen,
- Abscheiden von entstandenen Schadstoffen (Sekundärmaßnahmen).

In der Regel sind Primärmaßnahmen einfacher und preiswerter zu realisieren, häufig reichen sie jedoch nicht aus, um die Grenzwerte zu erreichen, so daß oft beide Verfahrensweisen angewandt werden müssen. Die Staubentstehung läßt sich bei festen Brennstoffen grundsätzlich nicht nennenswert durch Primärmaßnahmen reduzieren.

Optimierung von Feuerungsanlagen

Trockenadditiv-Verfahren

Minderwertige Kohlen und vor allem Braunkohle enthalten häufig von Natur aus basenbildende Verunreinigungen, die im Feuerraum einen Teil des Schwefeldioxids (SO_2) binden, so daß weniger SO_2 als bei Steinkohlefeuerungen frei wird. Allerdings schwankt besonders bei Braunkohle sowohl der Gehalt an Schwefel wie auch an Basenbildnern unabhängig voneinander in weiten Grenzen, so daß die SO_2-Konzentrationen im Rauchgas zwischen etwa 1000 mg/m^3 und 5000 mg/m^3 schwanken. Durch Zugabe von Kalk als Basenbildner kann die Emission von SO_2 erheblich gesenkt werden. Je nach dem augenblicklichen Gehalt von SO_2 im Schornstein werden der Kohle vor der Mühle unterschiedliche Mengen an Kalk zudosiert. Mit diesem Verfahren wurden in Braunkohlekraftwerken Tagesmittelwerte für SO_2 von 650 mg/m^3 erreicht.

Feuerungstechnische Maßnahmen zur Stickoxid-Reduktion

Eine Einschränkung der Stickoxid-Bildung wird in erster Linie durch eine Herabsetzung der Temperatur im Verbrennungsraum erreicht. Die Temperaturabsenkung ist durch Stufenmischbrenner und Abgasrückführung erzielbar. Während im Zentrum der Flamme Sauerstoffmangel besteht, wird in den Randzonen durch

Zufuhr von zusätzlicher Luft und Abgas eine Nachverbrennung bewirkt.

In rheinischen Braunkohlekraftwerken wurden damit die Stickoxid-Konzentrationen im Rauchgas von 600 bis 700 mg/m^3 unter den Emissionsgrenzwert von 200 mg Stickoxid/m^3 vermindert. In Steinkohlekraftwerken treten dagegen wegen des höheren Heizwertes höhere Verbrennungstemperaturen auf. Dadurch entstehen mehr thermische Stickoxide, so daß zusätzlich eine Rauchgasentstickung erforderlich ist.

Wirbelschichtfeuerung

Geringere Emissionen von Schwefeldioxid als auch von Stickoxiden (NO_x) weist die Wirbelschichtfeuerung auf, die seit Anfang der 70er Jahre intensiv entwickelt wurde. Hierbei wird feinkörnige Kohle von unten kräftig mit der Verbrennungsluft angeströmt, so daß sie im Luftstrom schwebt und dort eine sogenannte Wirbelschicht bildet, in der die Kohle verbrannt wird. In diesem Bereich durchziehen die Dampferzeugerrohre den Kessel (Abb. 25). Damit ist eine weit bessere Wärmeübertragung als bei herkömmlichen Kohlekesseln gegeben, wo die Dampferzeugerrohre im Mantel des Kessels liegen und vom Feuer wesentlich durch Strahlung und durch die heißen Rauchgase erwärmt werden.

Wegen der guten Wärmeübertragung reichen Verbrennungstemperaturen von 800 – 900 °C aus, so daß die NO_x-Entstehung gering ist; Werte von 100 mg/m^3 scheinen erreichbar. Durch feingemahlenen Kalkstein, der gemeinsam mit der Kohle eingeblasen wird, wird der Schwefel ähnlich wie beim Trocken-Additivverfahren weitgehend gebunden. Anfang 1987 waren 38 Anlagen mit einer thermischen Leistung von etwa 3000 MW in der Bundesrepublik Deutschland installiert. Heutige Leistungsgrößen gehen bis zu 150 MW_{th}; durch Nebenein-

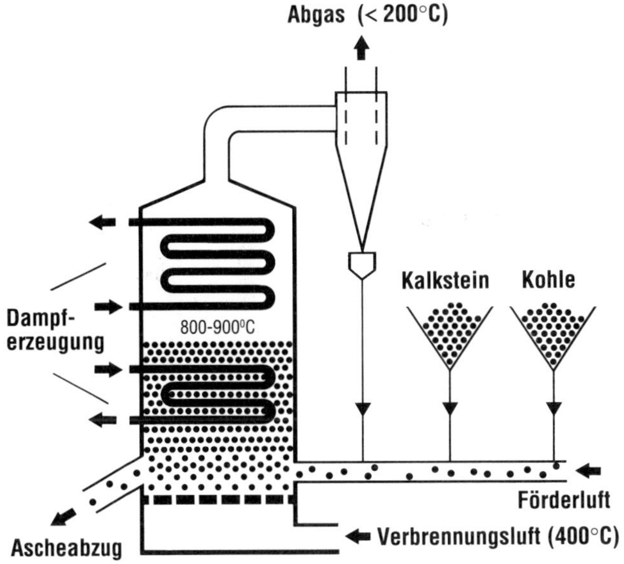

Abb. 25. Prinzip der Wirbelschichtfeuerung.

anderschaltung mehrerer Wirbelschichtfeuerungen können größere Leistungen erreicht werden. Bei der noch andauernden Entwicklung geht es vor allem darum, den Ausbrand und die Schadstoffrückhaltung – insbesondere von Staub – zu verbesseren und die Materialprobleme (Abrieb der Heizrohre) besser zu beherrschen.

Abgasreinigung bei Feuerungsanlagen

Entschwefelung

Aufgrund der Großfeuerungsanlagenverordnung von 1983 wurden – bis auf wenige Ausnahmen – alle Kohlekraftwerke bis Mitte 1988 mit Anlagen zur Rauchgasentschwefelung ausgerüstet (Abb. 27 und 28). Aus der Vielzahl verfahrenstechnischer Entwicklungen zur Rauch-

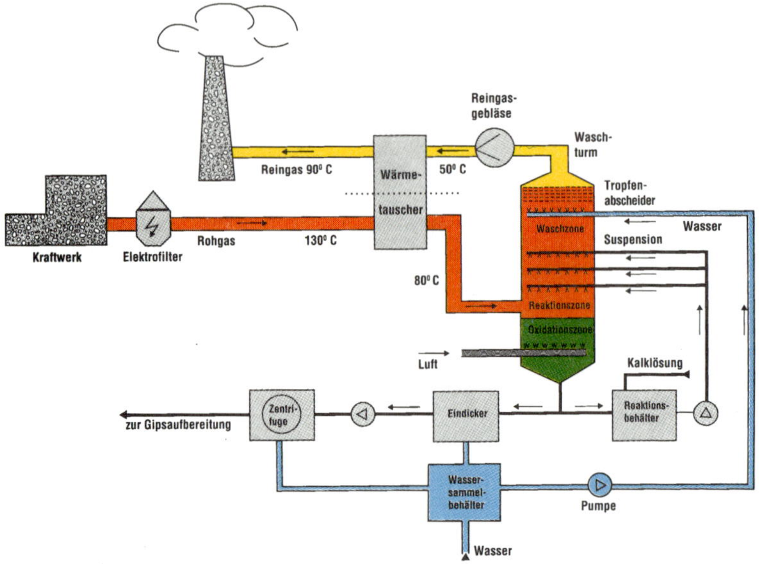

Abb. 26. Prinzip der nassen Rauchgasentschwefelung.

Abb. 27. Rauchgasentschwefelungsanlage beim Braunkohlenkraftwerk Neurath (Foto: RWE). *Links* im Vordergrund die Kesselhäuser, von denen die voluminösen Rauchgasleitungen zu den Entschwefelungsanlagen führen. Hinten *rechts* das Gebäude mit den Entschwefelungsanlagen (im Bau) für die drei 300-MW-Blökke. In einem weiteren Gebäude hinter den Kühltürmen befinden sich die Absorber für die beiden 600-MW-Blöcke. Bei den Kesselhäusern war dafür kein Platz.

Abb. 28. Die Dimensionen der Rauchgasrohre sind beim Vergleich mit den beiden Arbeitern links unten im Bild zu erkennen (Foto: RWE, Braunkohlenkraftwerk Weisweiler).

gasentschwefelung, die weltweit erprobt wurden, werden in Deutschland etwa ein halbes Dutzend angewendet. In über 95 % der Fälle werden Waschverfahren eingesetzt, bei denen das Schwefeldioxid im Rauchgas durch chemische Reaktionen mit kalkhaltigen Waschlösungen weitgehend vermindert wird (Abb. 26). Für rund 87 % der nachgerüsteten Kraftwerksleistung (etwa 33 000 MW) werden diese Verfahren benutzt. In der Regel entsteht dabei Gips als Endprodukt. Als Absorbermittel wird Kalkstein, gelöschter oder gebrannter Kalk verwendet. Mit diesen Rauchgasentschwefelungsanlagen werden die Schwefeldioxid-Konzentrationen im Rauchgas von früher 1000 – 5000 mg/m^3 bei Braunkohle und 2000 – 2300 mg/m^3 bei Steinkohle auf Werte von 200 – 400 mg/m^3 reduziert.

Chemische Reaktionen bei der nassen Rauchgasentschwefelung

Bei Verwendung von Kalkstein ist folgende Hauptreaktion maßgebend:

$$SO_2 + CaCO_3 + H_2O \rightarrow CaSO_3 \bullet 1/2\ H_2O + 1/2\ H_2O + CO_2$$

bzw. bei Verwendung von gelöschtem Kalk:

$$SO_2 + Ca(OH)_2 \rightarrow CaSO_3 \bullet 1/2\ H_2O + 1/2\ H_2O$$

und mit gebranntem Kalk:

$$SO_2 + CaO + H_2O \rightarrow CaSO_3 \bullet 1/2\ H_2O + 1/2\ H_2O$$

Kalziumsulfit ($CaSO_3$) wird anschließend zu Kalziumsulfat ($CaSO_4$) im Sumpf des Absorberturms durch Einblasen von Sauerstoff (Luft) aufoxidiert.

An Kristallisationskernen fällt es dann als Gips aus:

$$CaSO_3 \cdot 1/2\ H_2O + 1/2\ O_2 \rightarrow CaSO_4 \cdot 1/2\ H_2O$$
$$CaSO_4 \cdot 1/2\ H_2O + 3/2\ H_2O \rightarrow CaSO_4 \cdot 2\ H_2O \quad \text{(Gips)}$$

Durch den Betrieb der Entschwefelungsanlagen wird der Eigenbedarf des Kraftwerkes an Energie fast verdoppelt, er steigt auf etwa 8 – 9 % des erzeugten Stroms an.

Die übrigen in Deutschland eingesetzten Verfahren erzeugen als Endprodukte Schwefel und Schwefelsäure oder Sulfite und Sulfate. Die ersten beiden Produkte werden in der chemischen Grundstoffindustrie gebraucht, die anderen können nach Aufarbeitung zum Teil in der Zementindustrie eingesetzt werden.

Entstickung

Da die oben beschriebenen feuerungsseitigen Maßnahmen bei Steinkohlekraftwerken nicht ausreichen, um den Stickoxidgehalt der Rauchgase unter den geforderten Wert von 200 mg/m^3 zu begrenzen, ist eine anschließende Abtrennung aus den Rauchgasen erforderlich. Die Stickoxide im Rauchgas bestehen zu 95 % aus Stickstoffmonoxid (NO); der Rest sind eine Reihe anderer Stickoxide. Bereits wenige Meter nach Verlassen des Schornsteins werden in der Atmosphäre die Stickoxide weitestgehend zu Stickstoffdioxid (NO_2) oxidiert.

Die Reduktion der Stickoxide erfolgt durch Zugabe von Ammoniak, mit oder ohne Zugabe von Sauerstoff.

Bei der sogenannten selektiven nichtkatalytischen Reduktion (SNCR) sind dafür Temperaturen von ca. 850 °C erforderlich, d.h. das Ammoniak muß in den

Die Hauptreaktionen bei der Rauchgas-Entstickung:

$$4\,NO + 4\,NH_3 + O_2 \rightarrow 4\,N_2 + 6\,H_2O$$
$$6\,NO + 4\,NH_3 \rightarrow 5\,N_2 + 6\,H_2O$$
$$6\,NO_2 + 8\,NH_3 \rightarrow 7\,N_2 + 12\,H_2O$$

Feuerungsraum eingegeben werden. Dort ist die Stickoxidverteilung jedoch sehr ungleichmäßig, so daß die Reaktionspartner nicht in erforderlichem Maße miteinander vermischt werden. Dies hat neben dem geringen Entstickungsgrad von 50 % einen hohen Ammoniakbedarf und einen unerwünschten hohen Ammoniakgehalt der Rauchgase zur Folge. Derartige Anlagen werden zum Teil noch in Japan und in den USA eingesetzt.

Bei Verwendung von Katalysatoren laufen die Reaktionen bereits bei niedrigeren Temperaturen ab (Abb. 29 und 30). In Japan wurden zuerst katalytische Verfah-

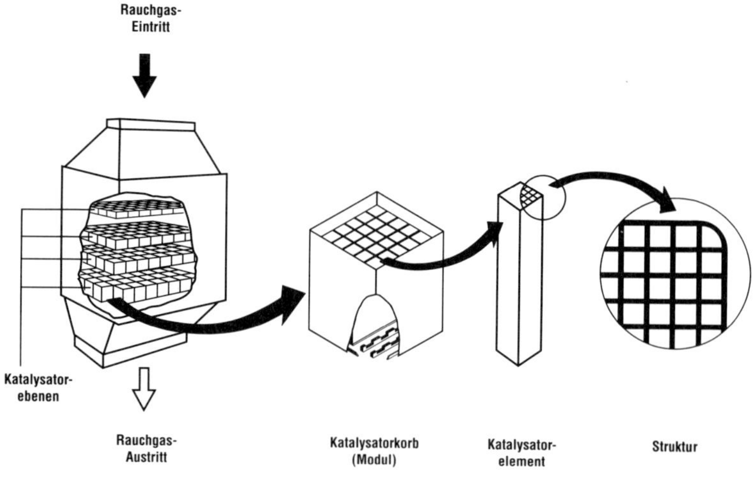

Abb. 29. Prinzip einer katalytischen Rauchgasentstickungsanlage.

Abb. 30. Entstikkungsanlage beim Steinkohlekraftwerk Heilbronn (Foto: Energieversorgung Schwaben).

ren entwickelt, bei denen eine Reaktionstemperatur von 350 °C ausreicht, so daß die Entstickung nicht mehr im Feuerungsraum erfolgen muß und die Entstickungs-Anlage hinter dem Kessel im Rauchgasstrom angeordnet werden kann. Allerdings wurden die japanischen Anlagen für andere Betriebsverhältnisse (Öl- und Gaskraftwerke für Grundlastbetrieb) entwickelt, so daß die Verfahren den deutschen Verhältnissen (Braunkohlekraftwerke und Steinkohlekraftwerke mit höherem Staubanteil im Rauchgas und teilweise im Mittellastbetrieb mit häufigen Leistungsänderungen) angepaßt werden mußten. Für die Katalysatoren sind zwei unterschiedliche Ausführungen gebräuchlich:

Wabenkatalysatoren bestehen aus einem keramischen Trägermaterial, das mit Vanadiumpentoxid und/oder Wolframoxid als Katalysator beschichtet ist. Das Material wird zu wabenförmigen Strängen mit quadratischen Kanälen geformt und anschließend in einem keramischen Prozeß hart gebrannt.

Bei Plattenkatalysatoren wird das katalytisch aktive Material auf metallische Träger (Lochbleche oder Metallgewebe)aufgebracht. Durch eingepreßte Rillen werden die Platten im Paket auf Abstand gehalten.

Staubrückhaltung

Die Staubrückhaltung ist das älteste Abscheideverfahren und wird bereits seit langer Zeit eingesetzt. Das einfachste Gerät ist die Absetzkammer, in der der Rauchgasstrom so sehr verlangsamt wird, daß sich die schwereren Staubkörnchen absetzen. Hierbei werden allerdings Korngrößen unter 100 µm (0,1 mm) nicht mehr genügend abgeschieden. Im Zyklon, einer modifizierten Absetzkammer, werden die Rauchgase in Rotation versetzt. Durch die Zentrifugalkraft werden Staubteilchen bis 10 µm (1/100 mm) abgeschieden. Im Naßwäscher werden die Staubteilchen mit Wasser besprüht, so daß sie größer und schwerer werden und in einem nachgeschalteten Zyklon besser abgeschieden werden können. Mit diesen preiswerten, robusten und wartungsarmen Abscheidern werden allerdings nur Reststaubgehalte bis herab zu 100 mg/m^3 erreicht. Sie haben deshalb nur als Vorabscheider Bedeutung (Abb. 31).

Für die Abscheidung von feinsten Staubteilchen werden Tuch- oder Elektrofilter eingesetzt. Tuchfilter werden aus Textil-, Teflon- oder Glasfasern gefertigt und meist in Form von Schläuchen verwendet. Sie unterliegen hohen thermischen, mechanischen und chemi-

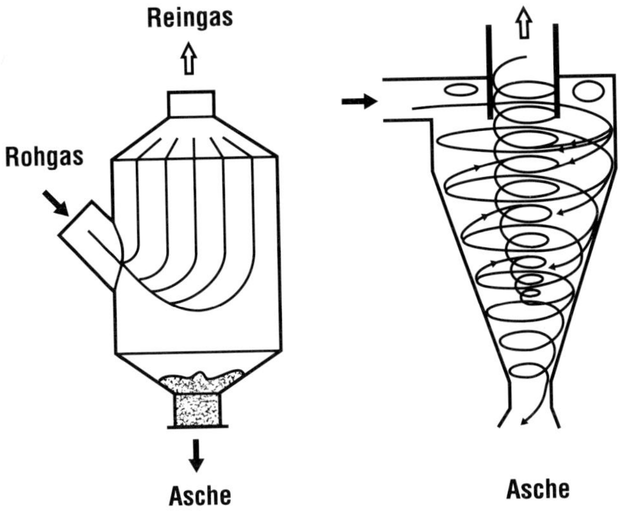

Abb. 31. Absetzkammer *(links)* und Zyklon *(rechts)*.

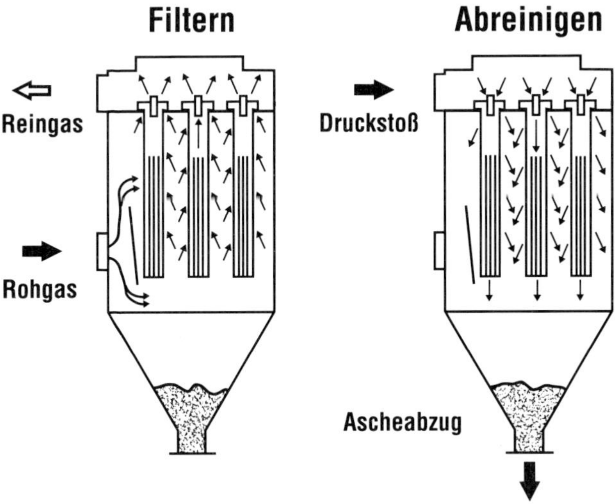

Abb. 32. Gewebefilter.

schen Belastungen. Deshalb sind ihre Standzeiten begrenzt. In den letzten Jahren wurden sie jedoch soweit verbessert, daß Tuchfilter vor allem bei kleineren Anlagen unter 50 MW im Vordringen sind. Der Filterkuchen wird von Zeit zu Zeit durch Rütteln der Schläuche oder einen Druckluftstoß entfernt (Abb. 32).

Für größere Anlagen werden bevorzugt Elektrofilter eingesetzt, deren Investitionskosten im Vergleich zu Tuchfiltern wesentlich höher sind; die Betriebskosten sind dagegen gering. Im Elektrofilter werden die Staubteilchen in einem starken elektrostatischen Feld aufgeladen und setzen sich dann auf den Niederschlagselektroden ab. Ein solches Filter besteht im wesentlichen aus einem Gehäuse mit Gasverteilungsorganen, den geerdeten Niederschlagselektroden, dem Elektronensprühsystem, den Abreinigungseinrichtungen sowie der Hochspannungsversorgung (Abb. 33).

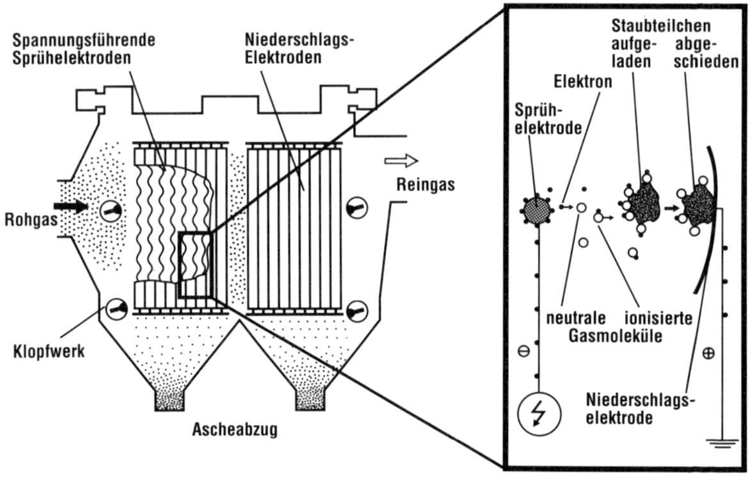

Abb. 33. Elektrofilter.

Bei modernen Kohlestaubfeuerungen fallen weit mehr als 90 % der gesamten Asche an den Staubfiltern an, soweit es sich nicht um Steinkohlenkraftwerke mit Schmelzfeuerung handelt. Dort ist die Verbrennungstemperatur so hoch, daß die Asche flüssig im Kessel abgezogen wird. Staubgehalte unter dem Grenzwert von 50 mg/m^3 werden bei Kohlefeuerungen nur mit Gewebe- oder Elektrofiltern erreicht.

Kohlenmonoxid und Kohlenwasserstoffe

In Großfeuerungsanlagen spielen diese Schadstoffe praktisch keine Rolle. Kohlenmonoxid (CO) ist nur teilweise verbrannter Kohlenstoff und wird deshalb bereits aus wirtschaftlichen Gründen vermieden; Kohlenwasserstoffe werden bei den hohen Feuerungstemperaturen weitgehend zu Kohlendioxid und Wasser verbrannt. In Müllverbrennungsanlagen können jedoch beim Vorhandensein chlorhaltiger organischer Substanzen und unzureichender Prozeßführung neue Kohlenwasserstoffe und andere organische Schadstoffe wie etwa Dioxine gebildet werden. Deren Freisetzung wird bei modernen Anlagen durch geeignete Feuerungstechnik und unterschiedliche Abscheideverfahren auf sehr geringe Restwerte reduziert.

Radioaktivität

Die große Menge von radioaktiven Stoffen in Kernkraftwerken ist durch mehrere Barrieren so eingeschlossen, daß nur kleinste Anteile davon in die Abluft gelangen können. Aerosole und Jod in der Abluft werden durch ein System von Aktivkohle- und Schwebstofffiltern (Gewebe- oder Faserfilter) zurückgehalten. Das Abgas aus der Kühlmittelreinigung wird vorher zusätzlich durch eine Verzögerungsstrecke mit gekühlter Aktivkohle geleitet, wo im Lauf mehrerer Tage die kurzlebigen Spaltprodukte abklingen. Beim Überschreiten der Grenzwerte werden die Abgasstrecken geschlossen.

In Brennelementfabriken werden radioaktive Verunreinigungen in der Abluft mit Schwebstoffiltern entfernt; in der Pilot-Konditionierungsanlage (s. S. 125) ist zusätzlich ein Jodfilter vorgesehen.

Natürliche radioaktive Stoffe in der Kohle fallen nicht unter die Strahlenschutzverordnung. Sie werden zum Teil mit den Rauchgasen freigesetzt.

Kosten der Rauchgasreinigung

In der Kraftwerkstechnik ist es üblich, die Baukosten für Anlagen auf das installierte Kilowatt Leistung zu beziehen, um einzelne Bauausführungen oder unterschiedliche Anlagen miteinander vergleichen zu können. Die spezifischen Investitionskosten für Steinkohlekraftwerke in den letzten 30 Jahren sind in Abb. 34 aufgetragen. Zu Beginn der 60er Jahre baute man Blöcke mit einer Leistung von 150 MW, seit den 80er Jahren sind Blockgrößen von 700 MW üblich. Durch den Übergang zu größeren Blöcken sind die Anlagen in realem Geldwert spezifisch billiger geworden. In der nominellen Darstellung, d. h. im Geldwert des betreffenden Jahres, in dem die Anlage in Auftrag gegeben wurde, haben sich jedoch inflationsbedingt die spezifischen Investitionskosten von 1960 bis Anfang der 90er Jahre rund verdreifacht. Ein moderner Steinkohlenkraftwerksblock von 700 MW Leistung kostet damit insgesamt gut 1,7 Milliarden DM. Die Kosten für die Rauchgasreinigung bis etwa Mitte der 70er Jahre entstanden durch die Staubrückhaltung mit Elektrofiltern. Ab Mitte der 70er Jahre wurde ein Teil (25 % bzw. später 75 %) des Rauchgasvolumens entschwefelt. Die aktuell bestehenden gesetzli-

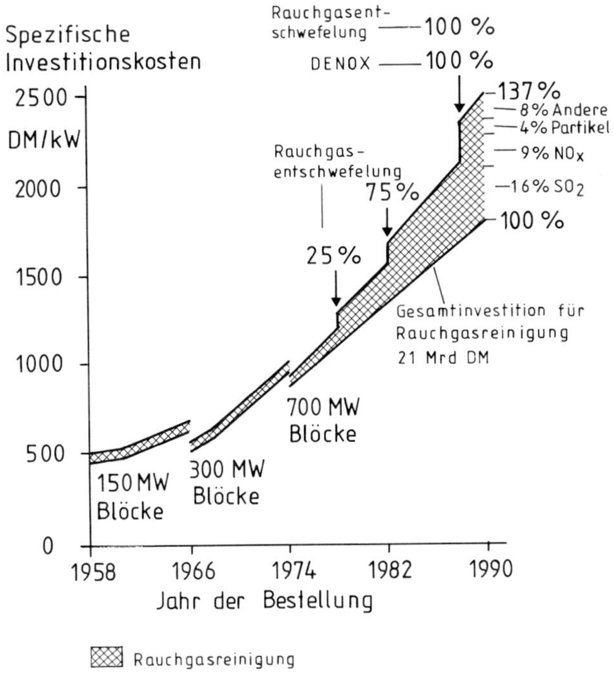

Abb. 34. Entwicklung der spezifischen Anlagekosten für Steinkohle-Kraftwerke und der Investionen zur Rauchgasreinigung in Deutschland. Es sind die Kosten des jeweiligen Jahres (nominelle Werte) aufgetragen. DENOX: Rauchgasentstickung. (Quelle: KÜRTEN, VGB-Kongreß 1990, Essen).

chen Anforderungen erfordern in der Praxis eine Entschwefelung und Entstickung von 100 % des Rauchgasvolumens. Werden die spezifischen Investitionskosten ohne Rauchgasreinigungsmaßnahmen zu 100 % gesetzt, so müssen zusätzlich rund 37 % für die Reinigung investiert werden, wobei fast die Hälfte davon für die Entschwefelung benötigt wird.

In den alten Bundesländern mußten in die Umrüstung der bestehenden Kraftwerke zur Erfüllung der gesetzlichen Vorgaben zur Entschwefelung und Entstikkung rund 21 Mrd DM investiert werden. Die Stromerzeugungskosten erhöhten sich durch die Entschwefelung um rund 2 Pfg/kWh und durch die Entstickung um knapp 1 Pfg/kWh. Wegen der Mischkalkulation der Stromversorgungsunternehmen, basierend auf dem Einsatz unterschiedlicher Energieträger in der Stromerzeugung, fielen die an die Verbraucher weitergegebenen Strompreiserhöhungen in der Regel wesentlich niedriger aus.

Für die neuen Bundesländer wird für die Umrüstung von acht 500-MW-Kraftwerksblöcken in den Braunkohlekraftwerken Jänschwalde und Boxberg ein Investitionsvolumen von gut 6 Mrd DM anfallen. Erforderlich ist der Bau von Entschwefelungsanlagen und die Einführung von Primärmaßnahmen am Kessel zur Verminderung der Stickoxide sowie die Modernisierung der Elektrofilter. Hinzu kommen die Kosten für Umweltschutzmaßnahmen in den kleineren städtischen Kraftwerken sowie in den neu zu bauenden Kraftwerken.

Der Verkehrssektor

Abgasreinigung bei Verbrennungsmotoren

Die gleichzeitige Reduktion von Kohlenmonoxid (CO), Stickoxiden (NO_x) und Kohlenwasserstoffen in den Auspuffgasen von Benzinmotoren wird mit dem geregelten Dreiwegekatalysator erreicht. Dabei werden (im Prinzip) die Stickoxide zu Stickstoff reduziert, mit dem dabei freiwerdenden Sauerstoff werden Kohlenmonoxid und Kohlenwasserstoffe zu Kohlendioxid und Wasser oxidiert:

$$CO + C_mH_n + NO_x \rightarrow CO_2 + N_2 + H_2O$$

Dies funktioniert jedoch nur ausreichend bei Vorhandensein von Platin und Rhodium als Katalysatormaterial, bei geeigneter Temperatur ab 250 °C und bei einem genau eingestellten Kraftstoff-Luftverhältnis.

Der Katalysator besteht aus einem wabenförmigen Keramik- oder Metallkörper, der mit einer dünnen Schicht aus den Metallen Platin und Rhodium beschichtet ist. Vor dem Katalysator sitzt die sogenannte Lambda-Sonde, die den Sauerstoffanteil im Abgas mißt. Über eine elektronische Steuerung regelt sie die Luftzahl Lambda. Für die vollständige Verbrennung von einem kg Benzin ist der Sauerstoffanteil von 14,7 kg Luft notwendig. Die Luftzahl Lambda gibt die Abweichung der Luftmenge im Luft-Kraftstoff-Gemisch vom theoretisch notwendigen Wert an:

$$\lambda = \frac{\text{zugeführte Luftmasse}}{\text{theoretischer Luftbedarf}}$$

Bei einem »fetten« Gemisch ist λ kleiner als 1, bei einem mageren größer als 1. Da das Kraftstoff-Luftgemisch vor der Einspritzpumpe bzw. dem Vergaser erzeugt wird, die Lambda-Sonde aber nach der Verbrennung hinter dem Verbrennungsraum mißt, ist eine Zeitverzögerung in der Regelung vorhanden, die dazu führt, daß der λ-Wert um den Idealwert 1 in einem gewissen Bereich, dem Regelbereich schwankt. Bei hohem Leistungsbedarf (durchgetretenem Gaspedal) wird der Katalysator abgeschaltet.

Abb. 35 zeigt, daß der Regelbereich sehr eng ist. Wird er nach oben auch nur wenig überschritten, steigen die Stickoxidemissionen sofort an.

Probleme entstehen z. B. beim Anlassen des kalten Motors, wenn auch der Katalysator noch kalt ist und deshalb nicht wirkt, beispielsweise bei Kurzstreckenfahrten. Der Katalysator verliert an Wirkung durch Al-

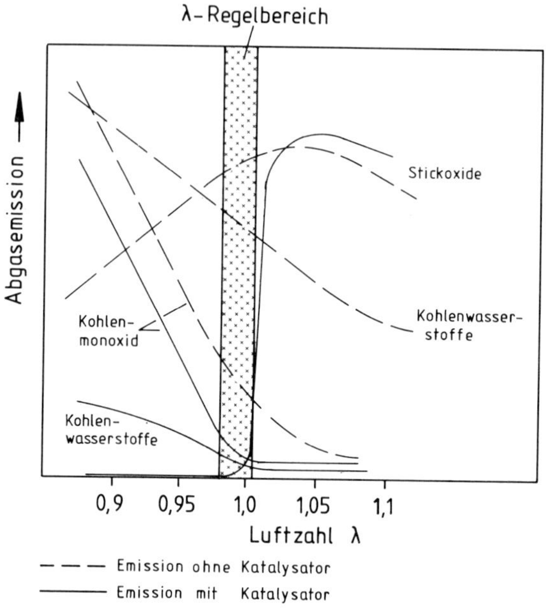

Abb. 35. Schadstoffanteile im Abgas eines Ottomotors mit und ohne geregelten Dreiwegekatalysator bei verschiedenen Luftzahlen.

terung sowie durch Überhitzung. Bei Verwendung von verbleitem Benzin lagern sich Bleiverbindungen auf den Katalysatoroberflächen an, so daß er unwirksam wird (Katalysator-Vergiftung). Dafür reicht bereits ein zweimaliges Tanken mit verbleitem Benzin. Hauptziele der weiteren Entwicklung sind:

- Verbesserung der Stickoxid-Reduzierung bei Lambda-Werten über 1,
- Weitere Absenkung der Anspringtemperatur.

Die Grenzwerte, die ab 1993 für alle Neufahrzeuge in der Europäischen Gemeinschaft gelten, können nur mit dem geregelten Dreiwegekatalysator eingehalten werden.

Dieselmotoren haben von vornherein bereits niedrigere Stickoxid- und Kohlenmonoxid-Emissionen als Otto-Motoren, dagegen haben sie Rußemissionen. Diese bestehen im wesentlichen aus Kohlenstoffteilchen, an deren Oberfläche Kohlenwasserstoffe angelagert sind. Einzelne davon – wie das Benz-A-Pyren – gelten als krebserregend. Durch verbesserte Motorenkonstruktionen konnten diese Emissionen bereits reduziert werden. Mit einfachen ungeregelten Oxidationskatalysatoren können die Kohlenmonoxid- und Kohlenwasserstoffemissionen vermindert und mit Filtern die Partikel weitgehend abgeschieden werden.

Verminderung der Verdampfungsverluste von Benzin

Auch die direkten Benzinemissionen, die 1986 noch etwa 1,3 % des Benzinabsatzes ausmachten, werden inzwischen reduziert. Seit März 1991 sind für Raffinerien und Großtankläger Rückgewinnungsanlagen für Benzindämpfe vorgeschrieben. In vielen Raffinerien und Tanklägern sind die Abgasreinigungsanlagen bereits installiert. Für den Bereich kleiner Tankläger und die Belieferung der Tankstellen wird das Gaspendelungsverfahren vorgeschrieben. Dabei wird zum Umfüllen des Benzins ein doppelwandiger Schlauch verwendet: Im inneren Schlauch strömt das Benzin in den Tank, während zwischen innerem und äußerem Schlauch die aus dem Tank austretenden Benzindämpfe wieder in das Transportfahrzeug oder den Tank, aus dem das Benzin entnommen wird, zurückbefördert werden.

Der Entwurf für diese Verordnung zum BlmSchG liegt zur Zeit den EG-Behörden vor, die frühestens im August 1992 darüber entscheiden werden. Ohne Zustimmung der EG kann sie nicht verabschiedet werden. Eine weitere Verordnung schreibt das Gaspendelverfahren (auch »Saugrüssel« genannt) auch für das Betanken der Fahrzeuge vor. Sie wird voraussichtlich 1992 verabschiedet und sieht für die Umrüstung der Tankstellen eine Frist von 5 Jahren vor.

Aber auch die Reduzierung der übrigen Verdunstungsverluste aus den Fahrzeugtanks hat begonnen. Bei Kraftfahrzeugen mit geregeltem Katalysator werden die im Tank entstehenden Benzindämpfe bei geschlossenem Tankverschluß nicht mehr ins Freie geleitet. Die Tankentlüftung mündet in einen mit Aktivkohle gefüllten Behälter, in dem bei stehendem Motor oder im Leerlauf die Dämpfe gespeichert werden. Bei erhöhter Motordrehzahl werden sie von der Gemisch-Aufbereitung (Vergaser oder Einspritzanlage) angesaugt und dem Motor zur Verbrennung zugeführt.

Immissionsgrenzwerte und Smogvorsorge

Festlegung und Bedeutung von Immissionsgrenzwerten

Im Vergleich zu den Immissionen aus der Energieerzeugung können Schadstoffe in wesentlich höheren Konzentrationen auch an Arbeitsplätzen – z. B. in Produktionsanlagen oder Laboratorien - auftreten, und dafür werden »Maximale Arbeitsplatzkonzentrationen« (MAK-Werte) von der Deutschen Forschungsgemeinschaft (DFG) festgelegt. Diese MAK-Werte gelten für gesunde erwachsene Arbeiter bei einer maximalen Arbeitszeit von 40 Stunden.

Bei Grenzwerten für die gesamte Bevölkerung müssen auch empfindliche Personen (z. B. kleine Kinder, Alte, Kranke) berücksichtigt werden. Dafür werden Maximale Immissionskonzentrationen (MIK-Werte) von der Kommission Reinhaltung der Luft des Vereins Deutscher Ingenieure festgesetzt.

Die MIK-Werte sind Richtwerte, die aus medizinisch-biologischen Untersuchungen abgeleitet sind. Sie besagen, daß Menschen aus Risikogruppen oberhalb dieses Wertes Beeinträchtigungen spüren können. Sie sind aber so angesetzt, daß eine geringfügige Überschreitung keinesfalls ein gesundheitliches Risiko bedeutet. Die MIK-Werte sind nicht rechtsverbindlich.

Sie geben dem Gesetzgeber jedoch wichtige Anhaltspunkte für die Setzung von Grenzwerten in Gesetzen und Verordnungen. Grenzwerte dürfen nicht überschritten werden; bei Überschreitungen werden von der Behörde Gegenmaßnahmen (z. B. Bußgeldbescheide oder Betriebsstillegungen) oder Vorsichtsmaßnahmen (z. B. Smogalarm) angeordnet. Grenzwerte berücksichtigen einerseits die Schadstoffwirkungen, andererseits aber auch die technischen Möglichkeiten. Bei ihrer Festlegung werden auch die nachteiligen Wirkungen von Gegenmaßnahmen wie Verkehrsstop, Schließung von Schulen und Betrieben usw. abgewogen. Grenzwerte bezeichnen im allgemeinen ein zumutbares Risiko, ähnlich wie etwa die Geschwindigkeitsbeschränkungen auf unseren Straßen.

Immissionsgrenzwerte

Für die Beurteilung der tatsächlichen gesundheitsschädigenden Wirkungen sind nicht die emittierten Mengen verantwortlich, sondern die Immissionen. Die

Tabelle 8. Immissionsgrenzwerte für Luftverunreinigungen.

Stoff	Einheit	TA Luft, zum Schutz vor			
		Gesundheitsgefahren		Nachteilen o. Belästigungen	
		IW 1	IW 2	IW 1	IW 2
Staubniederschlag	g/m^2 Tag	–	–	0,35	0,65
Schwebstaub	mg/m^3	0,15	0,30	–	–
SO_2	mg/m^3	0,14	0,40	–	–
NO_2	mg/m^3	0,08	0,20	–	–
CO	mg/m^3	10	30	–	–

IW 1 Langzeitwert
IW 2 Kurzzeitwert
Außerdem Grenzwerte für Cl, HCl, HF, H_2S, Pb, Cd, Tl und unterschiedliche Kohlenwasserstoffe

von den Haushalten und dem Verkehr freigesetzten Schadstoffe tragen wegen der geringen Kamin- bzw. Auspuffhöhe relativ stärker zur Immission am Ort bei, als die aus hohen Kaminen und häufig am Rande von Ballungszentren freigesetzten Schadstoffe der Industrie und der Kraftwerke, die sich weiträumig verteilen.

Immissionsgrenzwerte sind – wie bereits oben (S. 70) erwähnt – in der TA-Luft festgelegt. Die Werte für die Schadstoffe, die bisher betrachtet wurden, zeigt Tabelle 8.

Smogvorsorge

Bei ungünstigem Wetter kann es in Ballungszentren zu einer merkbaren Ansammlung von Luftverunreinigungen in der Atemluft kommen, die üblicherweise mit Smog bezeichnet wird. Voraussetzung dafür sind

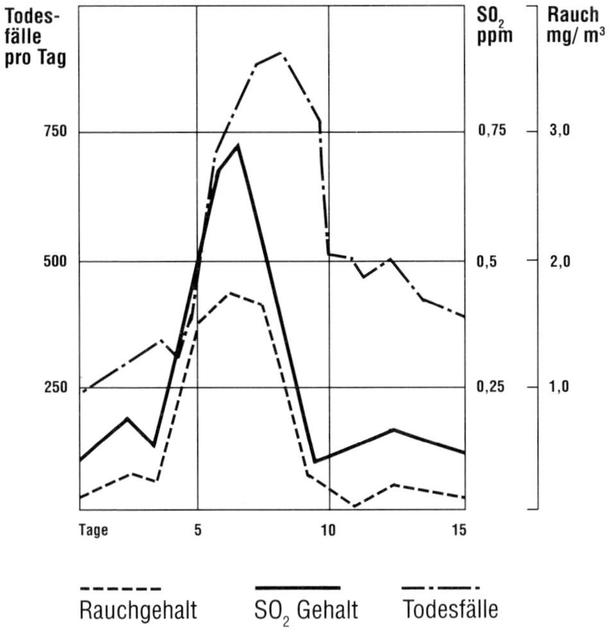

Abb. 36. Smog im Dezember 1952 in London. Die obere Kurve zeigt die Zahl der Todesfälle pro Tag (*linke Skala*), darunter sind SO_2-Gehalt und Staubgehalt der Luft angegeben (*rechte Skalen*). 1 ppm SO_2 entspricht etwa 2,8 mg SO_2/m^3. (Nach Wilkens 1953)

austauscharme Wetterlagen. Dies ist dann der Fall, wenn in einer Luftschicht, deren Untergrenze relativ dicht über dem Boden liegt (bis zu einigen hundert Metern), die Temperatur mit der Höhe zunimmt (Inversion) und gleichzeitig die Windgeschwindigkeit in Bodennähe gering ist. Bei einer solchen Wetterlage sammeln sich die Schadstoffe wegen des fehlenden Luftmassenaustauschs in solchem Maße an, daß gesundheitsgefährdende Konzentrationen in der Atemluft auftreten können.

Die größte bekannte Smogkatastrophe ist die von London im Dezember 1952, wo innerhalb von 2 Wochen nach Eintritt der Smog-Bedingungen etwa 4 000 Menschen mehr starben als sonst in dieser Jahreszeit (Abb. 36). Weitere Smogzwischenfälle in London in den Jahren 1956–1963 forderten ca. 3 200 Todesopfer. Diese Ereignisse lösten intensive Gegenmaßnahmen aus (Änderung der Heiztechnik, Anforderungen an die Brennstoffe), so daß zumindest in den westlichen Industrieländern solche Katastrophen heute nicht mehr befürchtet werden müssen. Weitere Smogzwischenfälle sind auch an anderen Orten, z. B. im Dezember 1962 im Ruhrgebiet aufgetreten.

Wintersmog

Bei diesen Ereignissen handelte es sich um den sogenannten Wintersmog, der vor allem durch Schwefeldioxid und Stäube sowie teilweise Kohlenmonoxid bestimmt wird. Davon zu unterscheiden ist der Sommersmog, zu dessen Entstehung neben den Schadstoffen und der austauscharmen Wetterlage auch intensive Sonnenstrahlung erforderlich ist und der deshalb oft Photochemischer Smog genannt wird.

Nach der Wintersmogsituation im Ruhrgebiet 1962, bei der 156 Todesfälle auf die hohe Konzentration an Luftschadstoffen zurückgeführt wurden, entstand 1964 die erste Smogverordnung in Nordrhein-Westfalen. Im Jahre 1974 folgten sechs weitere Bundesländer und im Jahre 1985 waren in allen Bundesländern und Berlin, außer Bremen und Schleswig-Holstein, Smogverordnungen in Kraft gesetzt. In den beiden letzteren Bundesländern kommen aufgrund ihrer speziellen geographischen Lage keine längeren austauscharmen Wetterlagen vor.

Die Smogverordnungen sehen einheitlich eine Vorwarnstufe, eine Alarmstufe I und eine Alarmstufe II vor. Die geltenden Grenzwerte sind Tabelle 9 zu entnehmen.

Tabelle 9. Schadstoffkonzentrationswerte (in mg/m^3) für die Auslösung von Smogalarm.

	Vorwarn-stufe	Alarm-stufe 1	Alarm-stufe 2
24-h-Mittelwert als Summe von SO_2 und 2x Schwebstoffgehalt Bei 72 h Dauer Übergang auf nächste Stufe	1,1	1,4	1,7
oder			
3-h-Mittelwert für SO_2	0,6	1,2	1,8
oder NO_x	0,6	1,0	1,4
oder CO	30	45	60

Während die festgelegten Grenzwerte in allen Bundesländern einheitlich sind, differieren die einzelnen Smogverordnungen im Verfahren und in den Maßnahmen, die in den unterschiedlichen Stufen der Verordnungen ergriffen werden. In Nordrhein-Westfalen muß z. B. die Windgeschwindigkeit unter 1,5 m/sec. betragen, in den anderen Ländern unter 3 m/sec., damit eine austauscharme Wetterlage festgestellt wird.

In der Mehrzahl der Bundesländer sieht die Vorwarnstufe im wesentlichen eine Information und einen Appell an Industrie und Öffentlichkeit vor. In Hessen und Berlin dagegen werden bereits in der Vorwarnstufe Gebote für den Einsatz schwefelarmer Brennstoffe und für den Betrieb von Feuerungsanlagen erlassen. In der Alarmstufe I treten in der Mehrzahl der Bundesländer Gebote für den Einsatz schwefelarmer Brennstoffe und Verbote für die Nutzung von Kraftfahrzeugen zu bestimmten Zeiten und in bestimmten Bezirken in Kraft. In der Alarmstufe II werden Betriebsverbote für bestimmte Feuerungsanlagen und Verbote für die Benutzung von Kraftfahrzeugen in den Verkehrssperrbezirken erlassen.

Da die verwaltungstechnischen Aufwendungen bei Smogsituationen erheblich sind, wurden sogenannte »Smog-Gebiete« eingeführt (Abb. 37), wo aufgrund hoher Bevölkerungs- und Industrialisierungsdichten mit Smogsituationen zu rechnen ist. Die Smogverordnungen der Bundesländer gelten nur für diese Gebiete.

Am Beispiel des Landes Nordrhein-Westfalen soll der Ablauf bei Smog-Alarm im folgenden etwas detaillierter dargestellt werden. Wegen der regional großen Nutzung von Steinkohle in Kraftwerken in Nordrhein-Westfalen und der hohen Besiedlungsdichte im Rhein-Ruhr-Gebiet ist Nordrhein-Westfalen insbesondere durch Winter-Smog gefährdet. Die Luftqualität wird von der Landesanstalt für Immissionsschutz in Essen durch kontinuierliche Messung von Schwefeldioxid, Kohlenmonoxid, Stickstoffdioxid und Schwebstaub an 54 Meßstationen im Rhein-Ruhr-Gebiet überwacht. Darüber hinaus werden die Windrichtungen und die Windgeschwindigkeiten erfaßt. Die Meßdaten werden über Telefonleitungen unmittelbar zum Rechenzentrum der Landesanstalt für Immissionsschutz übertragen und dort ausgewertet. Der industrie- und bevölkerungsreiche Rhein-Ruhr-Raum ist in Süd-Nord-Richtung von Bonn bis Wesel und in West-Ost-Richtung von Moers bis Dortmund in fünf aneinanderhängende Smoggebiete eingeteilt, in denen Smogalarm eintreten kann und für die dann die Maßnahmen der Smogverordnung gelten. Innerhalb dieser Smoggebiete sind nochmals separate sogenannte »Verkehrssperrgebiete« festgelegt worden, in der Regel Gebiete mit den höchsten Verkehrsdichten, beispielsweise Großstädte. Bei Überschreitung der Konzentrationswerte in Kombination mit einer austauscharmen Wetterlage, die vom Wetteramt Essen festzustellen

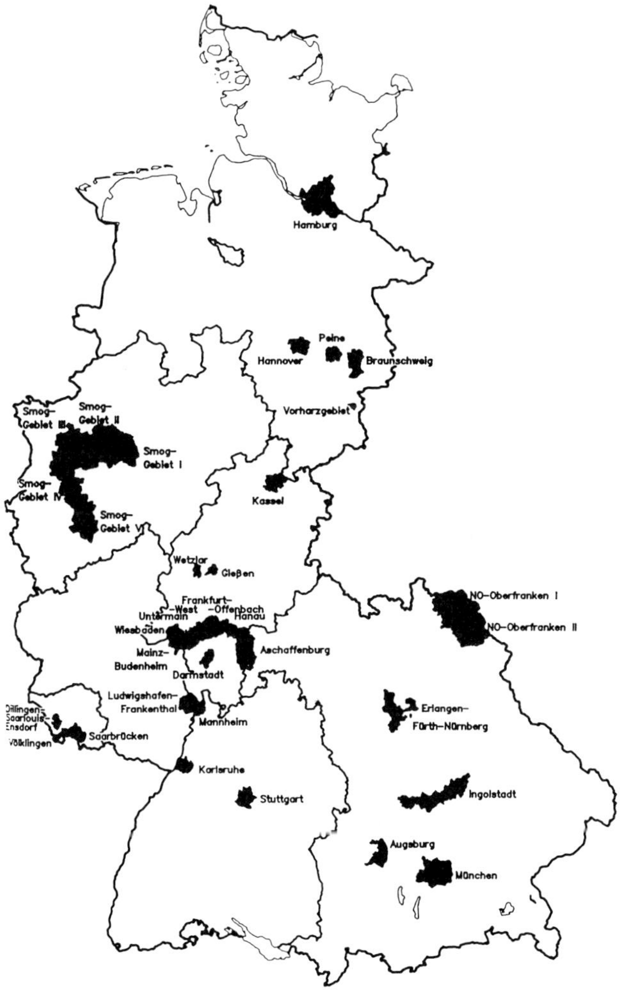

Abb. 37. Festgelegte Gebiete, in denen die Smog-Verordnungen der Bundesländer Gültigkeit haben (Nach Umweltbundesamt, Daten zur Umwelt 1988/89).

ist, wird durch das Ministerium für Umwelt, Raumordnung und Landwirtschaft über Presse, Rundfunk und Fernsehen Smogalarm bekanntgegeben. Gleichzeitig werden über das zuständige Innenministerium und das Ministerium für Wirtschaft, Mittelstand und Technologie die nachgeordneten Dienststellen – wie beispielsweise Polizei, Gewerbeaufsichtsämter, Bergämter etc. – angewiesen. In der Vorwarnstufe werden die Bürger gebeten, alles zu unterlassen, was unnötig zur Luftverunreinigung beiträgt, beispielsweise das Verbrennen von Abfällen, der Betrieb offener Kamine in den Wohnungen, die Beheizung von Schwimmbädern, der Betrieb von Raumheizungen über das unbedingt notwendige Maß hinaus. Zusätzlich werden Empfehlungen ausgesprochen, den Kraftfahrzeugverkehr auf das notwendige Maß zu beschränken, in Großfeuerungsanlagen keine stark schwefelhaltigen Brennstoffe zu verwenden und in Industrieanlagen Luftverunreinigungen, wie beispielsweise das Rußblasen oder die Abfallverbrennung und Anfahrvorgänge, zu vermeiden.

In der Alarmstufe I werden für die Sperrbezirke Fahrverbote ausgesprochen; Kraftfahrzeuge dürfen dann von 6 bis 10 Uhr und von 15 bis 20 Uhr nicht benutzt werden. In Feuerungsanlagen und Heizungen sind schwefelarme Brennstoffe zu verwenden, das heißt leichtes Heizöl oder Erdgas. Schweres Heizöl und feste Brennstoffe dürfen nur mit Schwefelgehalten unter 1 % Gewichtsteilen verwendet werden oder aber es ist Gas einzusetzen. Zusätzlich wird empfohlen, schwere körperliche Arbeiten im Freien zu unterlassen und Herz- und Kreislauferkrankte sowie Atemwegerkrankte werden aufgefordert, längere Aufenthalte im Freien zu vermeiden.

In der Alarmstufe II wird über die Empfehlungen und die Maßnahmen der Alarmstufe I hinaus in den

Verkehrssperrbezirken die Benutzung von Kraftfahrzeugen ohne zeitliche Einschränkung verboten. Desweiteren wird der Betrieb bestimmter emissionsrelevanter industrieller Anlagen eingestellt.

Während der Smogperiode im Januar 1985 in Nordrhein-Westfalen, bei der alle Alarmstufen ausgerufen werden mußten, konnten diese Mechanismen erprobt werden. Die Smogperiode wurde auch hinsichtlich ihrer gesundheitlichen Auswirkungen auf die betroffene Bevölkerung von einem Expertengremium im Auftrag des damaligen Landesministers für Arbeit, Gesundheit und Soziales eingehend untersucht. Gravierende gesundheitliche Auswirkungen konnten nicht festgestellt werden. Es gab jedoch Hinweise darauf, daß für Personen mit Herz- und Kreislauferkrankungen die Risikoschwelle erreicht wurde.

Sommersmog

Bei sonnigem Sommerwetter (mit hoher Sonneneinstrahlung) und austauscharmer Wetterlage entsteht über verkehrsreichen Gebieten der sogenannte Sommersmog. Er wird auch Los-Angeles-Smog genannt, weil er in Los Angeles besonders häufig und intensiv auftritt. Dabei reagieren Ozon sowie die bei der Ozonentstehung und dem Ozonabbau auftretenden Zwischenprodukte (sogenannte Radikale, kurzlebige, extrem reaktionsfähige Molekül-Bruchstücke) mit flüchtigen kettenförmigen Kohlenwasserstoffen (z.B. Olefine), deren Ketten verlängert werden. Außerdem reagiert auch Stickstoffoxid mit organischen Radikalen zu organischen Stickstoffverbindungen. Die bekannteste davon ist das sogenannte Peroxiacetylnitrat (PAN), das außerordentlich leicht mit den verschiedensten organischen Substanzen reagiert. Deshalb ist es für Lebewesen giftig. Daneben entsteht – abhängig von den Konzentrationen der verschiedenen

Schadstoffe, Sonneneinstrahlung, Temperatur, Luftfeuchte – eine Fülle weiterer Substanzen, die noch nicht alle bekannt sind. Ozon ist die Leitsubstanz, die sozusagen der »Ausgangsstoff« für die weiteren Bestandteile des Sommersmogs ist; deshalb wird das Ozon gemessen und bei Überschreiten bestimmter Anhaltswerte (in Deutschland 180 $\mu g/m^3$) die Bevölkerung gewarnt. Wegen der Abhängigkeit von der Sonneneinstrahlung tritt Sommersmog vor allem tagsüber an den Nachmittagsstunden auf (vgl. Abb. 13); von Smogalarmplänen wie beim Wintersmog wird deshalb in Deutschland wie in den meisten anderen Ländern abgesehen. In Los Angeles, einem Sommersmog-Extremgebiet, wird bei Ozonkonzentrationen ab 700 $\mu g/m^3$ ein Verkehrsstop ausgelöst. Derartige Konzentrationen wurden in Mitteleuropa noch nie beobachtet.

Strahlenschutzgrenzwerte

Ähnliche Bedeutung wie die MAK-Werte und die Immissionsgrenzwerte der TA-Luft für chemische Schadstoffe haben die Grenzwerte der Strahlenschutzverordnung für die Strahlenexposition durch kerntechnische Anlagen (Tabelle 10). Für die Beschäftigen in Kontrollbereichen darf die maximale jährliche Strahlenexposition den Wert von 50 mSv nicht überschreiten; für die gesamte Beschäftigungszeit ist jedoch ein Grenzwert von 400 mSv festgelegt. Dem entspricht bei einer 40jährigen Beschäftigungszeit eine mittlere effektive Jahresdosis von 10 mSv. Diese Grenzwerte orientieren sich an den Empfehlungen der Internationalen Strahlenschutzkommission (ICRP, International Commission on Radiological Protection). Bei ihren Empfehlungen geht die ICRP davon aus, daß das berufliche Gesundheitsrisi-

Tabelle 10. Grenzwerte der Strahlenschutzverordnung für Beschäftigte in Kontrollbereichen und die Umgebungsbevölkerung.

	Effektive Dosis (mSv/Jahr)	Schilddrüse (mSv/Jahr)	Maximal im Berufsleben (mSv)
Beschäftigte	50	150	400
Bevölkerung	0,3[a]	0,9	

[a] Jeweils über Abluft und Abwasser.

ko der Beschäftigten im Strahlenschutz- Kontrollbereich nicht größer sein soll als in anderen hochtechnischen Industriezweigen. Dort gelten für schädliche Arbeitsstoffe die maximalen Arbeitsplatz-Konzentrationen (MAK-Werte).

Die Grenzwerte der Strahlenschutzverordnung für die Umgebung kerntechnischer Anlagen, das heißt für die Bevölkerung, orientieren sich an der Schwankungsbreite der natürlichen Strahlenexposition, der der Mensch schon immer ausgesetzt gewesen ist. Diese Strahlung stammt aus natürlichen radioaktiven Stoffen im Erdboden und in Baustoffen, in der Nahrung und in der Atemluft sowie aus der Höhenstrahlung und liegt in Deutschland zwischen 1,5 und 5 mSv pro Jahr, der Mittelwert beträgt 2,4 mSv. Ein Einfluß der Unterschiede der natürlichen Strahlenexposition auf die Zahl der Krebsfälle oder Erbschäden konnte in keiner von zahlreichen Untersuchungen gefunden werden.

Die Strahlenschutzverordnung schreibt für die Umgebung einer Anlage eine maximale Effektivdosis für Einzelpersonen von 0,3 mSv vor – sowohl über Abwasser als auch über Abluft.

Für einzelne Organe wie die Schilddrüse gelten spezielle Grenzwerte. Aus diesen Immissionsgrenzwerten für die Umgebung werden im jeweiligen Genehmigungsverfahren für eine kerntechnische Anlage die maximal zulässigen Emissionsgrenzwerte in Bequerel pro Jahr für die einzelnen Nuklide bzw. Nuklidgruppen festgelegt.

Die deutschen Kernkraftwerke (und die in den westlichen Industrieländern) zeichnen sich durch einen hohen Sicherheitsstandard aus. Die Anlagen sind gegen eine größere Zahl von Störfällen – die Auslegungsstörfälle – ausgelegt. Es wird also angenommen, daß solche Störfälle eintreten, und dann muß die Anlage (weitestgehend automatisch) so darauf reagieren, daß keine unzulässige Strahlenbelastung der Bevölkerung in der Umgebung auftritt. Bei schweren Auslegungsstörfällen können die in der Tabelle genannten Grenzwerte für die Bevölkerung überschritten werden. Im Genehmigungsverfahren für Kernkraftwerke ist jedoch nachzuweisen, daß durch keinen Auslegungsstörfall die sogenannten Störfall-Richtwerte überschritten werden. Diese Störfall-Richtwerte entsprechen der in einem Jahr zulässigen Dosis für die Beschäftigten in Kontrollbereichen (die Schilddrüsendosis darf nur halb so hoch sein).

Die Strahlenschutzgrenzwerte gelten nur für kerntechnische Anlagen, also nicht für Kohlekraftwerke. Die Strahlenschutzkommission, ein Beratungsgremium des Bundesumweltministers (heute; damals des Bundesinnenministers), hat 1981 in einer Stellungnahme »Zum Vergleich der Strahlenexposition der Bevölkerung durch Emissionen radioaktiver Stoffe aus Kohlekraftwerken und aus Kernkraftwerken« festgestellt: An der ungünstigsten Einwirkungsstelle neben einem Steinkohlekraftwerk ist die Strahlendosis für einen Menschen eher etwas höher als neben einem Kernkraftwerk. In beiden Fällen ist sie von minimaler Bedeutung.

Nach einem schweren Unfall in einem Kernkraftwerk kann es – wie der Unfall in Tschernobyl am 26.

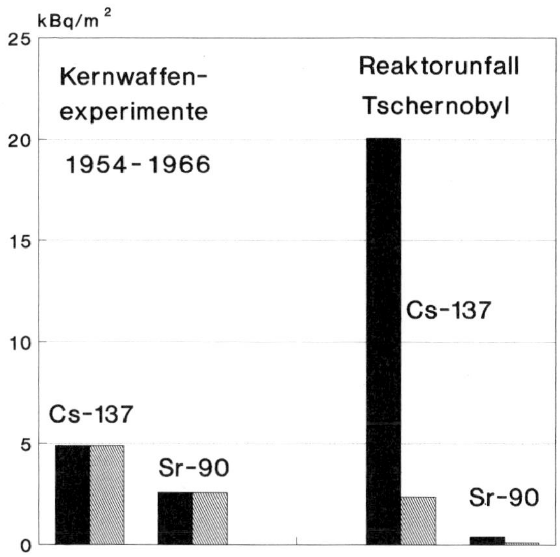

Abb. 38. Deposition von Cäsium und Strontium auf dem Boden im Mai 1986 in Jülich (schraffierte Balken) und München (schwarze Balken). (M. Paschke, Jülich)

April 1986 gezeigt hat – zur weiträumigen Ausbreitung von radioaktiven Stoffen kommen, die durch trockene oder nasse Deposition auf die Erde gelangen. Dort lagern sie sich auch direkt auf Pflanzen ab, die für die menschliche Ernährung verwendet werden sowie auf Weidegras. Dabei ist vor allem das Jod-131 von Bedeutung. Wegen seiner Halbwertszeit von 8 Tagen spielt es nur in den ersten Tagen noch einem Unfall eine Rolle. Aus diesem Grund gab es im Mai 1986 vorübergehend Einschränkungen und Verbote für den Verkauf von Frischgemüse und Milch. Von längerfristiger Wirkung waren die Ablagerungen von Cäsium-134 (Halbwertszeit 2 Jahre) und Cäsium-137 (Halbwertszeit 30 Jahre). Das Cäsium gelangte auf und dann in den Boden. Es wird von den meisten Pflanzen kaum, von einigen Pilzen jedoch relativ gut aufgenommen, und kann auf diese Weise, auch über den Verzehr von Wildfleisch, zu einer Strahlenbelastung führen.

Abb. 38 zeigt die Ablagerungen von Cäsium-137 im Mai 1986 in Süd- und in Westdeutschland und zum Vergleich die Ablagerungen in Deutschland während der Kernwaffenversuche 1954 – 1966.

Wegen der starken Regenfälle war die Cäsium-Ablagerung in Süddeutschland wesentlich größer als im Norden.

Die Strahlenbelastungen 1986 waren durch Jod und Cäsium verursacht, sie lagen zwischen 0,5 und 1 mSv in Südbayern und bei 0,08 mSv im übrigen Bundesgebiet. Im Sommer 1986 war das Jod zerfallen, seitdem spielt nur das Cäsium eine Rolle. Die Strahlendosen haben seitdem kontinuierlich abgenommen; 1989 lagen sie zwischen 0,2 und 0,5 mSv in Südbayern und bei 0,06 mSv nördlich der Donau. Sie lagen zu allen Zeiten im Schwankungsbereich der natürlichen Strahlenbelastung (in Deutschland 1 – 5 mSv/a).

5 Stoffströme und Entsorgung von Kraftwerken

Stoffströme bei Kern- und Kohlekraftwerken

Es ist ein Naturgesetz, daß die Massen bei der chemischen Energieumwandlung erhalten bleiben. In der Praxis gilt dieses auch bei der Kernspaltung, weil die in Energie übergeführten Massen von Uran in absoluten Größen sehr gering sind. Mit der Energieumwandlung verbunden sind deshalb auch Massenströme, die im Detail für die Stromerzeugung untersucht worden sind. So sollen die nachfolgenden Beispiele ein Gefühl dafür vermitteln, in welchen Dimensionen Stoffe bewegt werden, um eine bestimmte Menge Strom zu erzeugen. Dabei werden nur die für die Stromerzeugung direkt benötigten Stoffe berücksichtigt. Unberücksichtigt bleiben die Materialaufwendungen zur Errichtung der Anlagen (s. hierzu S. 147) und die anteiligen Materialmengen, die durch Auswechseln von Anlagenteilen bei der Wartung anfallen. Letztere sind aber auch mengenmäßig im Vergleich zu den erstgenannten gering.

Die Angaben in Abb. 39 lassen erkennen, daß die Mengen, die pro Jahr zur Stromerzeugung in einem Kernkraftwerk und in zwei Steinkohlenkraftwerksblök-

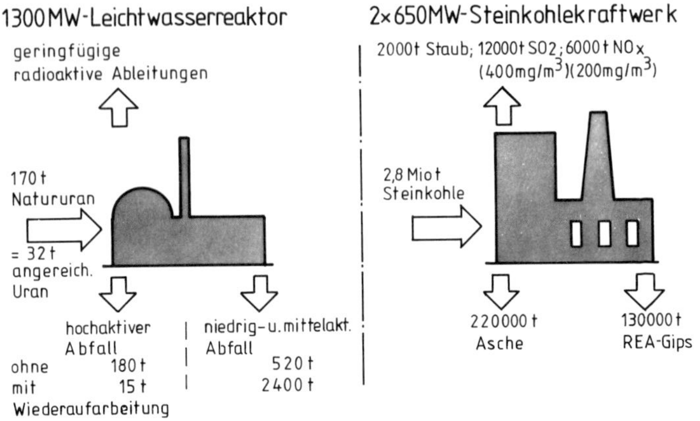

Abb. 39. Mengenmäßig wichtigste Stoffströme bei einem Steinkohlen- und einem Kernkraftwerk vergleichbarer Leistung. Nicht enthalten sind die Materialmengen zum Bau der Anlagen selbst.

ken gleicher Leistung bewegt werden müssen, um Größenordnungen unterschiedlich sind. Ursache dafür ist letztendlich die physikalische Gesetzmäßigkeit, daß bei der Spaltung eines Atomkerns die freiwerdende Energie etwa millionenfach größer ist als bei der Oxidation (Verbrennung) eines Kohlenstoffatoms.

Am Uran gemessen ist deshalb der Energieinhalt der Steinkohle relativ gering, so daß im hier betrachteten Beispiel für die Kernenergie 170 t Natururan, entsprechend 32 t angereichertem Uran eingesetzt werden müssen, während 2,8 Mio t Steinkohle (das sind im Mittel 5,3 t pro Minute) zur Erzeugung der gleichen Strommenge verfeuert werden müssen. Die zu entsorgenden Mengen – sofern sie nicht als gasförmige Emissionen in die Atmosphäre gehen –, sind bei der Steinkohle etwa um den Faktor 100 größer.

Die Menge selbst und das Verhältnis der Mengen zueinander sagen nichts darüber aus, ob mit der Entsor-

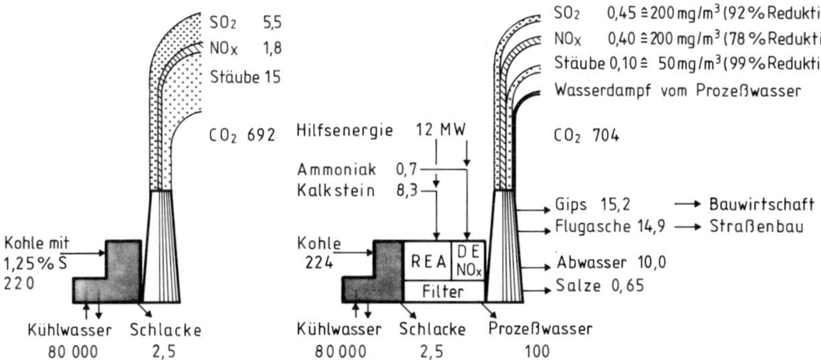

Abb. 40. Stoffströme (Betriebsmittel und Produkte) bei der Stromerzeugung in einem Steinkohlekraftwerk – mit *(links)* und ohne *(rechts)* Rauchgasreinigung.

gung Probleme verbunden sind oder nicht und ob die zu entsorgende Stoffmenge für Mensch und Umwelt Gefahrenpotentiale hat. So verlangt die Entsorgung von 30 t hochaktivem Abfall (im Falle des Kernenergiebeispieles in Abb. 39 kommen noch 150 t Behältermateral hinzu) einen größeren Aufwand als die Entsorgung von 220 000 t Asche. Die Zahlen geben aber ein Gefühl dafür, welche Mengen transportiert, aufbereitet und wieder transportiert werden müssen.

Maßnahmen zur Minderung der Emissionen von Luftschadstoffen, wie beispielsweise die Entschwefelung und die Entstickung von Kohlekraftwerken, führen ihrerseits wiederum zu einer Vervielfachung der Stoffströme selbst (Abb. 40). Neben der benötigten Hilfsenergie zum Betrieb der Anlagen werden Hilfsstoffe, wie beispielsweise Kalkstein für die Rauchgasentschwefelung und Ammoniak für die Entstickung, benötigt. Zusätzlich fallen Gips, Abwasser, Salze und Prozeßwasser aus der Aufbereitung der neu entstandenen chemischen Produkte an. Die Verringerung der Stoffströme an die Luft führt zwangsweise zu neuen Stoffströmen, die ihrerseits wieder nicht mehr verwertbare Rückstände produzieren, die sicher deponiert werden müssen. Maßnahmen zur Reduzierung der Luftbelastung sind also nur dann sinnvoll, wenn damit nicht gleichzeitig an anderer Stelle neue Stoffströme geschaffen werden, die unter Umständen größere schädliche Auswirkungen mit sich ziehen. Zur vollständigen Beurteilung von Maßnahmen wäre damit eigentlich eine komplette Bilanz der Stoffströme mit einer ökologischen Bewertung erforderlich. Die existiert jedoch in der Praxis nicht. Zum einen sind bisher – alleine schon wegen des erheblichen Arbeitsaufwandes – nur für wenige Energieumwandlungen derart detaillierte Bilanzen erstellt worden. Zum anderen besteht das Problem, einzelne Stoffe hinsichtlich ihrer Auswirkungen auf Mensch und Umwelt adäquat zu bewerten.

Für die Erzeugung des jährlichen Stromverbrauchs eines deutschen Haushalts von 4000 kWh werden auf Basis der Zahlen in Abb. 40 folgende Massenströme ausgelöst:

Versorgung:
1,2 t Steinkohle,
44 kg Kalkstein,
3,7 kg Ammoniak,

Entsorgung:
600 l zu reinigendes Prozeß- und Abwasser,
81 kg Gips aus der Entschwefelung,
93 kg Flugasche und Schlacke,
2,4 kg Schwefeldioxid (an die Atmosphäre),
2,1 kg Stickoxide (an die Atmosphäre),
0,5 kg Stäube (an die Atmosphäre) und
rund 3 750 kg Kohlendioxid sowie
einige m^3 verdunstetes Kühlwasser.

Ein Teil der Produkte kann weiter verwertet werden, wie beispielsweise Gips in der Bauwirtschaft und Flugasche als Untermaterial im Straßenbau. Hierüber soll im folgenden berichtet werden.

Entsorgung des Gipses aus Entschwefelungsanlagen

Die Rauchgasentschwefelungsanlagen aller westdeutschen Kohlekraftwerke erzeugten im Jahre 1990 zusammen etwa 3,3 Mio. t Gips (Abb. 41). Rund zwei Drittel dieser Menge fielen bei der Steinkohlenverstromung an.

Diese jährlich rund 2 Mio. t Gips aus Steinkohle-Kraftwerken werden bis auf wenige Prozent vollständig verwertet. Der größte Teil gelangt als Baustoff in den Hochbau. Die wesentlichen Produkte sind Baugipse, Gipskartonplatten und Gipswandbauplatten. Daneben nimmt die Zementindustrie große Mengen ab und setzt diese ihrem Produkt zu.

Über 80 % des Gipses aus Rauchgasentschwefelungsanlagen fallen in Nordrhein-Westfalen an, weil dort der größte Teil der deutschen Steinkohle verstromt wird. Die Gipsindustrie entstand dagegen in der Nähe der natürlichen Gipsvorkommen, lange vor Einführung der Rauchgasentschwefelung, in Süd-Niedersachsen, Nord-Hessen und Franken sowie Nord-Württemberg. Damit sind große Mengen von Gips aus Rauchgasentschwefelungsanlagen über größere Entfernungen mit nennenswerten Kosten zu transportieren. Allein in einem modernen Steinkohleblock von 750 MW Leistung fallen täglich rund 250 t Gips an. Um solche Mengen abtransportieren zu können, muß beispielsweise zwischen 6 Uhr morgens und 22 Uhr abends alle 90 Minu-

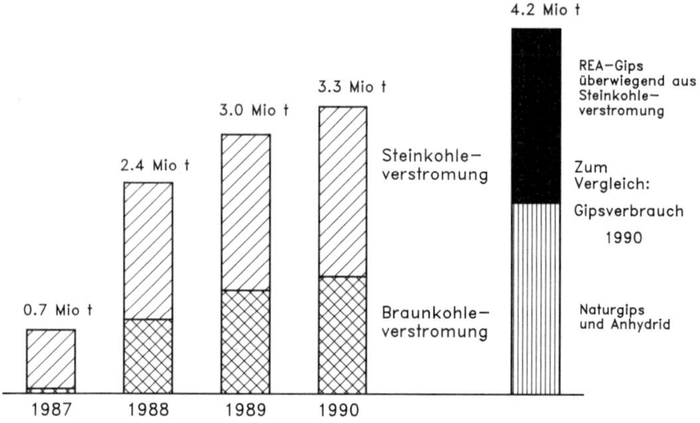

Abb. 41. Gipsanfall aus den Kohlekraftwerken in den alten Bundesländern und zum Vergleich der Gipsverbrauch (Quellen: Vereinigung der Großkesselbetreiber VGB und Statistisches Bundesamt).

ten ein vollbeladener Lastzug das Kraftwerk verlassen. Es werden deshalb Anstrengungen unternommen, in unmittelbarer Nachbarschaft von Kraftwerken die Gips-Verarbeitungsindustrie aufzubauen. Zusätzlich neben der regionalen Verteilung von Gipsanfall und Gipsbedarf ist auch der unterschiedliche Jahresgang zu berücksichtigen. Die Gipsproduktion im Kraftwerk ist an den saisonalen Lastgang des Kraftwerkes gebunden, der bei Steinkohlekraftwerken in der Regel im Winter wegen der dann größeren Stromerzeugung seine Spitze hat. Die Gips- und Zementindustrie richtet sich dagegen in ihrer Erzeugung nach dem Verlauf der Bautätigkeit, die im Sommer ihre Spitze hat. Der Gips muß deshalb von der Baustoffindustrie oder von den Kraftwerksbetreibern zwischengelagert werden (Abb. 42).

Insgesamt schwieriger als bei »Steinkohle-Gips« ist die Vermarktung von Gips aus den Braunkohle-Kraft-

Abb. 42. Gipszwischenlager im Kraftwerk Neurath (Foto: RWE-Energie AG).

werken. Bedingt durch unterschiedliche chemische Verhältnisse erfordert die Aufarbeitung des Gipses aus Braunkohlenkraftwerken einen hoheren Aufwand. Deshalb konnte sich bisher nur der Gips aus Steinkohlenkraftwerken auf dem Markt durchsetzen. Derzeit wird der »Braunkohle-Gips« gemeinsam mit der Schlacke zu einer nicht auslaugbaren Masse vermischt und zur Auffüllung von ausgekohlten Tagebauen eingesetzt. Bestrebungen, auch den Braunkohle-Gips in der Bauwirtschaft unterzubringen, führten zur Entwicklung eines Verfahrens zur Veredelung dieses Gipses zu dem zementähnlichen Bindemittel Alpha-Halbhydrat. Am Kraftwerksstandort Niederaußem wird dazu eine Pilotanlage betrieben; eine große Produktionsanlage mit einer Jahreskapazität von rund 270 000 t soll gebaut werden und voraussichtlich bis Mitte der 90er Jahre in Betrieb sein.

In den neuen Bundesländern ist der Bau von Entschwefelungsanlagen für acht bestehende Braunkohlenkraftwerksblöcke in Jänischwalde und Boxberg mit einer elektrischen Leistung von insgesamt 4000 MW vorgesehen. Nach den gesetzlichen Bestimmungen müssen diese Kraftwerke ab Sommer 1996 die Vorschriften der Großfeuerungsanlagenverordnung einhalten. Zusätzlich ist der Neubau von rund 3000 MW auf Braunkohlenbasis und 4000 MW auf Steinkohlenbasis geplant, so daß langfristig mit einer Gipsproduktion von weiteren 3 Mio t/a zu rechnen ist.

Entsorgung der Kernkraftwerke

Die radioaktiven Abfälle aus Kernkraftwerken müssen wegen ihrer Radioaktivität mit besonderem Aufwand behandelt und deponiert werden. Ein Teil der Abfälle entsteht in den Kernkraftwerken selbst, ein größerer Teil bei der Wiederaufarbeitung der ausgedienten Brennelemente. Behandlung und Deponierung dieser Abfälle richten sich nach der Abfallklasse. Für Handhabungs- und Transportzwecke unterscheidet man zwischen schwachaktiven, mittelaktiven und hochaktiven Abfällen. In schwachaktiven Abfällen ist der Anteil radioaktiver Stoffe gering; sie können in einfachen Blechfässern ohne besondere Abschirmung aufbewahrt und transportiert werden. Bei mittelaktiven Abfällen ist eine Abschirmung bei der Handhabung und beim Transport notwendig; oft entsteht durch die radioaktiven Zerfälle schon so viel Wärme, daß dies bei der späteren Endlagerung zu berücksichtigen ist. Hochaktive Abfälle sind die radioaktiven Spaltprodukte aus der Wiederaufarbeitung der abgebrannten Brennelemente oder – beim Verzicht auf Wiederaufarbeitung – die abgebrannten Brennelemente selbst. Mehr als 99 % der gesamten radioaktiven Stoffe des Kernbrennstoff-Zyklus befinden sich in den abgebrannten Brennelementen. Bei hochaktiven Abfällen muß die Verpackung außer der Abschirmung auch die Abfuhr der beträchtlichen Zerfallswärme, z. B. durch Kühlrippen, gewährleisten. Die Tabelle 11 zeigt die Mengen der einzelnen Abfallarten, die jährlich durch den Betrieb eines großen Kernkraftwerks sowohl im Kernkraftwerk selbst als auch anteilig bei der Wiederaufarbeitung der Brennelemente entstehen.

Für alle gegenwärtig in Deutschland betriebenen Kernkraftwerke sind die Abfallmengen etwa 20 mal so groß wie die hier für ein großes Kernkraftwerk angegebenen.

Der größte Teil der Abfälle (93 %) ist schwachaktiv und hinsichtlich seiner Gefährlichkeit mit vielen konventionellen Sonderabfällen vergleichbar, die zum Teil auch in unterirdischen Salzformationen (wie z.B. in Herfa-Neurode in Hessen) deponiert werden. In Frankreich werden schwachaktive Abfälle oberflächennah in überwachten Betonkonstruktionen endgelagert. In 300 Jahren ist die Radioaktivität soweit abgeklungen, daß das Gelände zur unbeschränkten Verwendung freigegeben werden kann.

In Deutschland ist für alle Arten radioaktiver Abfälle die unterirdische Endlagerung in geeigneten geologischen Formationen vorgesehen. Sie wurde zwischen 1968 und 1978 mit schwach- und mittelaktiven Abfällen versuchsweise bereits im Salzstock Asse durchgeführt. Die seitdem entstandenen radioaktiven Abfälle mit vernachlässigbarer Wärmeentwicklung sollen in der

Tabelle 11. Jährliche radioaktive Abfallmengen aus dem Betrieb eines Kernkraftwerks mit einer elektrischen Leistung von 1300 MW.

	Kernkraftwerk (m^3)	Wiederaufarbeitung (m^3)	Gesamt (m^3)
Schwachaktiv	147[a]	393[b]	540
Mittelaktiv	3[c]	44[d]	36
Hochaktiv	–	4[e]	4
	150	430	580

[a] Papier, Putzwolle, Aktivkohle, Folien usw.
[b] wie [a], dazu Verdampfer- und Filterkonzentrat.
[c] Steuerstäbe, Absorberelemente.
[d] Brennelelmentteile, Klärschlammfilter.
[e] Spaltprodukte, verglast.

ehemaligen Eisenerzgrube Konrad bei Salzgitter abklingen. Gegenwärtig findet das Planfeststellungsverfahren für dieses Endlager statt. Das Endlager Morsleben in der Nähe von Helmstedt, in das die schwachaktiven Abfälle der DDR verbracht wurden, wurde 1991 durch Gerichtsbeschluß gesperrt.

Wärmeentwickelnde Abfälle sollen in Deutschland in Salzformationen endgelagert werden. Ein Salzstock bei Gorleben wird zur Zeit auf seine Eignung untersucht. Wenn die bisher nur vermutete Eignung bestätigt wird, könnte etwa ab 2 010 dort die Einlagerung beginnen. Wegen der relativ geringen Mengen an wärmeentwickelnden Abfällen ist deren Zwischenlagerung mit vertretbarem Aufwand möglich.

Das Atomgesetz verlangt gegenwärtig für abgebrannte Brennelemente die Wiederaufarbeitung, es sei denn, dies ist »nach dem Stand von Wissenschaft und Technik nicht möglich, wirtschaftlich nicht vertretbar oder mit den Zweckbestimmungen des Gesetzes unvereinbar.« Gegenwärtig werden die Brennelemente aus westdeutschen Kernkraftwerken in England und Frankreich wiederaufgearbeitet. Sowohl die zurückgewonnenen Wertstoffe – Uran und Plutonium – als auch die radioaktiven Abfälle kommen nach Deutschland zurück. Uran und Plutonium werden für die Herstellung neuer Brennelemente verwendet; damit wird der Natururanbedarf um etwa ein Drittel verringert.

Manche speziellen Brennelemente können nicht wiederaufgearbeitet werden. Es ist auch abzusehen, daß in der von der Bundesregierung beabsichtigten Novellierung des Atomgesetzes die direkte Endlagerung der abgebrannten Brennelemente (ohne Wiederaufarbeitung) den Kernkraftwerksbetreibern freigestellt wird. Dann müssen die abgebrannten Brennelemente für die Endlagerung geeignet verpackt – man nennt das konditioniert – werden. Eine Pilot-Konditionierungsanlage wird zur Zeit bei Gorleben gebaut und soll voraussichtlich 1994 in Betrieb gehen. Bei der direkten Endlagerung entfallen die schwach- und mittelaktiven Abfälle aus der Wiederaufarbeitungsanlage (die Menge der Sekundärabfälle aus der Konditionierung ist sehr viel geringer); dafür nimmt die Menge der hochaktiven Abfälle auf das Zwölffache zu.

Neben den deutschen Erfahrungen mit der Endlagerung im Asse-Salzstock ist seit 1988 bei Forsmark in Schweden ein unterirdisches Endlager im Granit für schwach- und mittelaktive Abfälle in Betrieb; ein ähnliches Endlager ist in Finnland in Bau. In mehreren Ländern (z.B. Schweden, USA) laufen Planungen und vorbereitende Erschließungen für Endlager für hochaktive Abfälle.

In Zukunft werden auch aus der Stillegung von Kernkraftwerken und der Wiederaufarbeitungsanlage Karlsruhe schwachaktive (und ein kleiner Anteil mittelaktive) Abfälle anfallen. Deren Mengen werden bis zum Jahr 2 000 auf etwa 5 400 m^3 geschätzt, das sind etwa 3 % der bis dahin erwarteten Gesamtmenge (rund 98 % der Stillegungsabfälle eines Kernkraftwerks sind nichtradioaktiv).

6 Wärmebelastung der Atmosphäre

Abwärme

Bei Energieumwandlungsprozessen sind technische Verluste nicht zu vermeiden, vor allem aber ist aufgrund des zweiten Hauptsatzes der Thermodynamik die Umwandlung von Wärmeenergie in andere Energieformen grundsätzlich nur teilweise möglich. Letzten Endes wird auch jede Nutzenergie in Wärme umgesetzt, z. B. als Reibungswärme.

Die Abwärme von Kraftwerken wird entweder direkt in Flüsse oder über Kühltürme in die Atmosphäre eingeleitet. Bei der (wirtschaftlicheren) Flußwasserkühlung gelten relativ enge Grenzen für die Wärmebelastung der Fließgewässer, die in Deutschland ausgeschöpft sind, so daß Wärmekraftwerke heute mit Kühltürmen ausgestattet werden müssen. Deren Wirkung auf die Umwelt, wie Änderung der Niederschlagsmenge und Beschattung, ist gering und allenfalls in nächster Umgebung gerade noch nachweisbar. Gesundheitsschäden aus dieser Ursache können ausgeschlossen werden.

Eine andere Frage ist die nach der längerfristigen Wirkung auf das Klima der Erde, insbesondere, wenn man an das Wachstum der Weltbevölkerung und den daraus resultierenden wachsenden globalen Energiebedarf denkt. Die von der Sonne auf die Erde eingestrahlte Energie ist etwa 13 000 mal so groß wie der gegenwärtige Energieverbrauch. Lokal wird jedoch von Großstädten im Jahresmittel pro km^2 schon ebensoviel Energie abgegeben, wie von der Sonne eingestrahlt wird; über das gesamte Ruhrgebiet hinweg beträgt die gemittelte anthropogene Energiefreisetzung etwa 1/10 der Sonneneinstrahlung. Dies hat Auswirkungen auf das lokale Klima.

Kohlendioxid und Treibhauseffekt

Besondere Bedeutung kommt dem bei Verbrennungsprozessen entstehenden Kohlendioxid (CO_2) wegen seiner Auswirkungen auf das globale Klima zu.

Bei der Zersetzung von Biomasse und durch den Stoffwechsel der Lebewesen werden auf dem Land und im Meer große Mengen Kohlendioxid freigesetzt. Dem steht ein gleichgroßer Verbrauch von CO_2 für den Aufbau von pflanzlicher Biomasse gegenüber, so daß der natürliche Kohlenstoffhaushalt weitgehend ausgeglichen ist. Die Bedeutung des CO_2 für die Temperatur der Erdatmosphäre beruht darauf, daß es – ebenso wie der atmosphärische Wasserdampf – die kurzwellige Lichtstrahlung der Sonne zur Erde durchläßt, aber die langwellige Wärmeabstrahlung der Erde (»Infrarotstrahlung«) behindert. Wasserdampf und die natürliche Kohlendioxid-Konzentration in der Atmosphäre haben damit für ein Temperaturniveau auf der Erdoberfläche gesorgt, in dem Leben erst ermöglicht wird.

Das Gleichgewicht des Kohlenstoffhaushalts wird durch die Verbrennung fossiler Energieträger und die

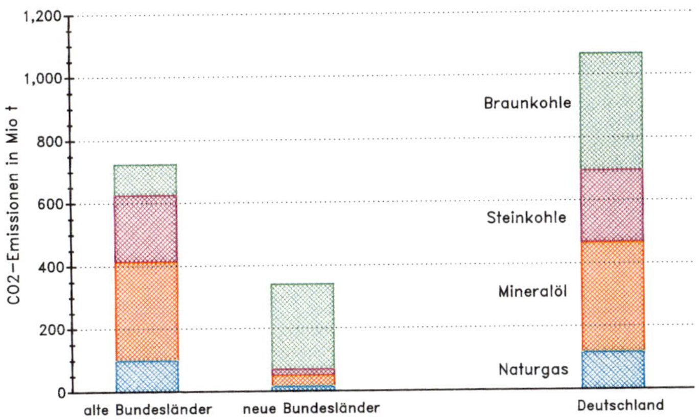

Abb. 43. Energiebedingte Kohlendioxid-Emissionen in Deutschland im Jahr 1987, unterteilt nach den verursachenden Primärenergieträgern. (Die Enquete-Kommission des Deutschen Bundestages »Vorsorge zum Schutz der Erdatmosphäre« hat in ihrem Bericht und ihren Empfehlungen das Jahr 1987 als Basis- und Vergleichsjahr gewählt.) (Quelle: 2. Zwischenbericht der Interministeriellen Arbeitsgruppe »Klimaschutz« 1991)

Rodung von Wäldern gestört. Durch die Verbrennung von Kohle, Gas und Öl werden derzeit, Anfang der 90er Jahre, weltweit jährlich gut 6 Mrd. t Kohlenstoff, das sind über 22 Mrd. t CO_2, in die Atmosphäre emittiert[6]. Daran ist Deutschland mit etwa 5 % beteiligt (Abb. 43 und Tabelle 12). Durch Brandrodung in den Tropen gelangen nach den gegenwärtigen Abschätzungen zusätzlich 0,4 bis 1,6 Milliarden t Kohlenstoff in die Atmosphäre, daran wesentlich beteiligt sind Brasilien und Indonesien. Das emittierte Kohlendioxid breitet sich innerhalb etwa eines

[6] In der englischsprachigen Literatur werden die CO_2-Emissionen oft in Tonnen Kohlenstoff (C) gerechnet, in der deutschen werden meist Tonnen Kohlendioxid (CO_2) verwendet. 1 t C entspricht 3,67 t CO_2

Tabelle 12. Energiebedingte Kohlendioxidemissionen in Deutschland 1980, unterteilt nach Sektoren. (Quelle: 2. Zwischenbericht der Interministeriellen Arbeitsgruppe »Klimaschutz« 1991)

Verbrauchssektoren	1987 [%]		
	BRD	DDR	Gesamt
Kraft- u. Fernheizwerke	34,4	44,0	37,6
Industriefeuerungen	20,5	27,0	22,6
Kleinverbraucher	7,5	10,9	8,6
Haushalte	16,1	11,2	14,5
Verkehr	21,5	6,9	16,7
Summe [%]	100	100	100
Summe (Mio. t)	716	348	1064

Jahres weltweit in der Troposphäre – das ist die Höhenschicht zwischen etwa 0 und 10 km – aus. Die Hälfte des CO_2 verbleibt in der Atmosphäre, das restliche CO_2 wird von den oberen Schichten der Ozeane aufgenommen und von dort über lange Zeiträume hinweg in die Tiefsee überführt. Durch den fortwährend vom Menschen verursachten Ausstoß von Kohlendioxid steigt die Konzentration in der Atmosphäre an und es wird zusätzlich Infrarotstrahlung, die die Erdoberfläche abstrahlt, absorbiert. Dadurch wird die Lufthülle und als Folge die Erdoberfläche zusätzlich erwärmt (»Treibhauseffekt»).

Neben Kohlendioxid werden noch weitere Treibhausgase durch menschliche Tätigkeit freigesetzt. Diese sind

Methan: aus Reisanbau, Viehhaltung, Kohlenbergbau, Erdgasleckagen, Mülldeponien, Kläranlagen;

- Distickstoffoxid: aus der Umwandlung des Stickstoffs im Boden als Folge natürlicher Kreisläufe und von Überdüngung;
- Ozon: photochemische Bildung aus Sauerstoff, Stickoxiden und Kohlenwasserstoffen
- Fluorchlorkohlenwasserstoffe (FCKW): künstlich hergestellte Treibgase für die Aufschäumung von Isolierstoffen und als Kältemittel in Kühlschränken, Klimaanlagen usw.

Es wird geschätzt, daß der derzeitige Beitrag aller dieser Spurengase zum Treibhauseffekt zusammen etwa so groß ist wie der von CO_2, obwohl die emittierten Mengen viel geringer sind. Dies hat seine Ursache darin, daß die spezifische Wirkung eines Moleküls dieser Treibhausgase um ein Vielfaches größer ist als die eines CO_2-Moleküls. So sind beispielsweise ein Molekül Methan 21fach, ein Molekül FCKW 12 fast 16 000fach wirksamer als ein Molekül CO_2. Dabei sind die unterschiedlichen Verweilzeiten der Treibhausgase in der Atmosphäre nicht berücksichtigt. Sie betragen zum Beispiel 120 Jahre beim Kohlendioxid, 10 Jahre bei Methan und 130 Jahre bei FCKW 12. Über einen längeren Zeitraum betrachtet ändern sich deshalb die genannten Faktoren für die spezifische Treibhauswirksamkeit.

Ozon wirkt ambivalent. Das Ozon in der Stratosphäre (12 – 50 km Höhe) filtert den Ultraviolett-Anteil des Sonnenlichtes (290 – 310 nm Wellenlänge) weitestgehend aus. Zerstörungen der Ozonschicht in der Stratosphäre (»Ozonloch«) durch FCKW bedeuten daher erhöhte UV-Strahlung auf der Erde. Das Ozon in der Troposphäre (bis 12 km Höhe) dagegen wird im wesentlichen photochemisch aus Stickoxiden und Kohlenwasserstoffen gebildet. Dieses Ozon wirkt als Treibhausgas. Wegen der ozonzerstörenden Wirkung der

FCKW in der Stratosphäre soll gemäß internationalen Vereinbarungen (Montreal-Protokoll und Folgekonferenzen) bis zur Jahrhundertwende auf ihre Herstellung und Verwendung verzichtet werden. Verschiedene Länder haben angekündigt, daß sie die Ausstiegsfristen verkürzen wollen.

Die CO_2-Konzentration in der Atmosphäre wird seit 1958 auf Mauna Loa (Hawaii) kontinuierlich gemessen. Sie betrug 1958 315 ppm und stieg bis zum Jahre 1989 auf 350 ppm an; gegenwärtig erhöht sie sich jährlich um 0,4 % (Abb. 44). Wird dieser Anstieg nicht gebremst, dann ist um die Mitte des nächsten Jahrhunderts eine Verdoppelung gegenüber der vorindustriellen Zeit zu erwarten. Parallel dazu konnte ermittelt werden, daß die mittlere Oberflächentemperatur der Erde seit 1900 um 0,5°C angestiegen ist. Ein kausaler Zusammenhang zwischen dem Anstieg der Kohlendioxid-Konzentration und dieser Temperaturerhöhung kann bisher zwar statistisch nicht exakt belegt werden, er entspricht jedoch den Rechenergebnissen von Klimamodellen. Umfangreiche Modellrechnungen ergeben bei einer Verdopplung der Kohlendioxid-Konzentration mittlere globale Temperaturerhöhungen bis zu 5°C. Die primäre Erwärmung durch die absorbierte Infrarotstrahlung beträgt nach diesen Rechnungen bis 1,2°C. Der restliche Anstieg wird durch Rückkopplungseinflüsse bewirkt. Diese entstehen im wesentlichen durch den als Folge des Temperaturanstiegs zusätzlich gebildeten Wasserdampf in der Atmosphäre, der ebenfalls wiederum Infrarotstrahlung absorbiert und somit zu einer weiteren Aufheizung führt. Die Modelle weisen im Bereich dieser Rückkopplungswirkungen sowie bei der modellhaften Abbildung des CO_2-Übergangs von den oberen in die tieferen Meeresschichten die größte Unsicherheit auf.

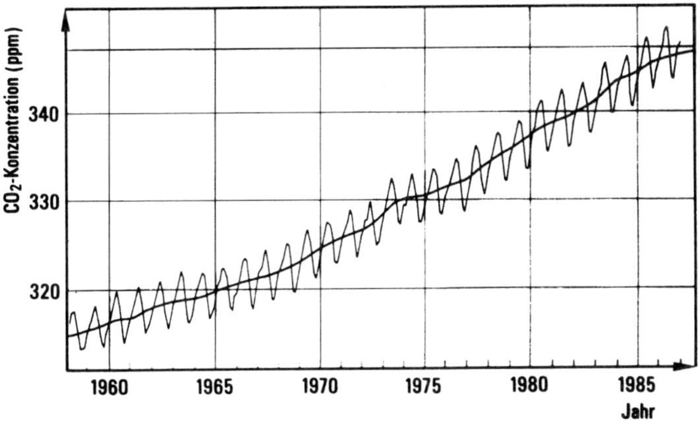

Abb. 44. Anstieg der CO_2-Konzentration in der Atmosphäre (Monats- und Jahresmittelwerte), gemessen am Observatorium Mauna Loa auf Hawaii. Die jahreszeitlichen Schwankungen haben ihre Ursache in der Photosynthese im Frühjahr und Sommer (Einbau von Kohlenstoff in Pflanzenmasse) und dem Abbau organischen Kohlenstoffs im Herbst und Winter.

Die genauen Auswirkungen eines Anstiegs der Temperatur im beschriebenen Maße sind nicht bekannt. Befürchtet werden Änderungen der atmosphärischen und ozeanen Zirkulation und als deren Folge eine Verlagerung der Klimazonen und eine Verschiebung von Niederschlagsgebieten. Ein Teil der kontinentalen Schnee- und Eismassen wird allmählich schmelzen; das Schmelzwasser erhöht den Meeresspiegel. Auch die oberen Schichten der Weltmeere erwärmen sich und bewirken durch ihre Ausdehnung einen Anstieg des Meeresspiegels; über einen sehr langen Zeitraum hinweg wäre mit einem weiteren Anstieg durch Abschmelzen der polaren Eismassen zu rechnen. Als Folgen der befürchteten Klimaänderungen werden häufigere Anomalien im Wettergeschehen (Stürme, Dürren, Fröste) erwartet, dazu werden Verschiebungen der Ertragssituation von Nutzpflanzen

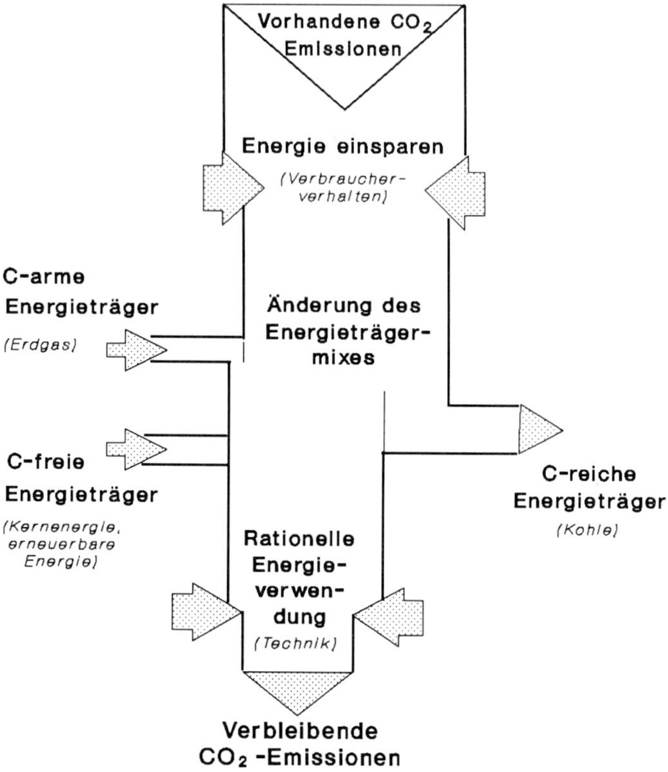

Abb. 45. Grundsätzliche Möglichkeiten zur Verringerung der Kohlendioxid-Emissionen aus der Energieversorgung und Energienutzung (schematische Darstellung, die Proportionen entsprechen nicht den tatsächlich vorhandenen Potentialen).

und Überschwemmungen heute dicht besiedelter Gebiete auftreten.

Eine Verringerung der Kohlendioxid-Emissionen ist weit schwieriger zu erreichen als die von Luftschadstoffen. Kohlendioxid kann aus den Rauchgasen von Kraftwerken, Einzelfeuerungen und Fahrzeugen praktisch nicht abgeschieden werden, da der apparative Aufwand zu groß, der Energiebedarf erheblich und die Kosten sehr hoch wären. Offen ist insbesondere auch die Frage der »Deponierung« großer Mengen von Kohlendioxid. Im Fall der bisher betrachteten Luftschadstoffe ist eine Überführung in andere Produkte, wie z. B. Gips bei der Entschwefelung oder aber die Umwandlung in neutrale Stoffe, wie Stickstoff und Wasser bei Katalysatoren, möglich; diese Wege gibt es für Kohlendioxid nicht. Die häufiger diskutierte Möglichkeit, abgeschiedenes CO_2 direkt in die Tiefsee (über Rohrleitungen oder mit CO_2-»Eistorpedos«) zu verbringen, ist hinsichtlich der ökologischen Verträglichkeit ungeklärt.

Die Reduktion der Kohlendioxid-Emissionen läßt sich nur durch geringeren Energieverbrauch und durch die Wahl kohlenstoffärmerer oder kohlenstofffreier Energieträger erreichen (Abb. 45).

Aufgrund der unterschiedlichen chemischen Zusammensetzung der einzelnen fossilen Energieträger entsteht bei ihrer Verbrennung unterschiedlich viel Kohlendioxid. Während Stein- und Braunkohle einen sehr hohen Kohlenstoffanteil besitzen, verfügen Erdöl und insbesondere Erdgas neben dem Kohlenstoffgehalt noch über einen nennenswerten Anteil an Wasserstoff, bei dessen Oxidation zu Wasser bei der Verbrennung ebenfalls Energie freigesetzt wird. Bezogen auf die erzeugte Energieeinheit ist somit ihre spezifische CO_2-Emission geringer. Tabelle 13 enthält die CO_2-Faktoren wichtiger Energieträger.

Bei Erdgas muß berücksichtigt werden, daß Methan – als Hauptbestandteil des Erdgases – ebenfalls ein Klimagas ist mit höherer spezifischer Treibhauswirksamkeit pro Molekül als CO_2. Bereits wenige Prozent Methan-Verluste bei der Erdgasgewinnung und bei der -verteilung heben daher den Vorteil des geringeren CO_2-Faktors bei der Verbrennung wieder auf.

Tabelle 13. Kohlendioxidemission pro Energieeinheit bei vollständiger Verbrennung verschiedener Energieträger.

Energieträger	kg CO_2/GJ-Brennstoff	kg CO_2/kg SKE[a]
Steinkohle (Ruhr)	93,28	2,73
Steinkohlekoks (Ruhr)	108,19	3,17
Braunkohle für Kraftwerk	110,20	3,23
Rohöl	74,87	2,19
Motorenbenzin	72,33	2,12
Dieselkraftstoff	73,75	2,16
Heizöl extraleicht für Haushalte	73,75	2,16
Schweres Heizöl für Industrie	78,63	2,30
Erdgas[b]	55,70	1,64

[a] 1 kg SKE = 29 308 kJ.
[b] Mischung entsprechend dem 1989 eingesetzten Erdgas: 57 % Qualitätsstufe L, 43 % Qualitätsstufe H

Die Bundesregierung beschloß bereits 1990, die CO_2-Emission in Deutschland bis zum Jahre 2005 um 25 % – gemessen am Emissionsniveau des Jahres 1987 – zu senken. Sie nimmt mit diesem Beschluß international eine Vorreiterrolle ein. Sollte das Ziel erreicht werden, würden die weltweiten Emissionen – gemessen am Jahr 1987 – nur um ein Prozent gesenkt werden. Dieses Potential der alten und neuen Bundesländer ist nur so groß wie die Menge an Kohlendioxid, die bei den derzeitigen Zuwachsraten weltweit in weniger als einem halben Jahr dazukommt. Die Vorreiterrolle ermöglicht aber ein überzeugenderes Auftreten mit dem Ziel, weitere wichtige Länder zu einer internationalen Klimakonvention zu bewegen.

Eine internationale Vereinbarung ist nicht einfach zu erreichen, weil

- eine nationale CO_2-Minderung allen Ländern zugute kommt und nicht – wie bei der Luftschadstoffbelastung – in erster Linie der Nation, die die Maßnahme durchführt,
- manche Industrieländer hohe Kosten durch CO_2-Minderungsmaßnahmen und damit Nachteile für ihre Wirtschaft befürchten,
- die Interessen der Industrie- und der Entwicklungsländer unterschiedlich sind. Die bisherigen Kohlendioxid-Emissionen sind ganz überwiegend von den Industrieländern verursacht; die Entwicklungsländer haben schon aufgrund ihrer wachsenden Bevölkerung einen »Nachholbedarf« im Energieverbrauch, so daß sie zu einer Reduktion ihrer Kohlendioxid-Emissionen nicht in der Lage und zu einer Begrenzung dieser Emissionen zunächst auch nicht bereit sind. Ähnlich wie bei den internationalen Vereinbarungen zur Reduktion der FCKW werden finanzielle Kompensationen von Seiten der Industrieländer erforderlich sein, damit in den Entwicklungsländern die Energie effizienter genutzt wird.

Ob und wie schnell es zu einer Reduzierung kommt, ist offen. Auch wenn die gewünschte weltweite Reduzierung erreicht werden könnte, kann damit ein Anstieg der mittleren Temperatur nicht mehr verhindert, wohl aber nennenswert begrenzt werden.

Die Reduzierung der klimarelevanten Emissionen aus der Energieversorgung allein reicht nicht aus, um den Treibhauseffekt zu bewältigen. Auch die Bewältigung von Klimafolgen wird erforderlich sein.

7 Externe und soziale Kosten

Neben den rein betriebswirtschaftlich erfaßten Kosten – den Kosten zur Errichtung einer Energieanlage, den Brennstoffkosten, den Wartungskosten etc. – verursacht die Energienutzung weitere Kosten, die die Allgemeinheit zu tragen hat und die nicht in das betriebliche Kostenkalkül einfließen und von daher auch nicht minimiert werden. Beispielhaft seien die Materialschäden als Folge des sauren Regens genannt oder gesundheitliche Auswirkungen aufgrund von Schadstoffimmissionen. Diese Folgen werden in der volkswirtschaftlichen Literatur und in der Öffentlichkeit häufig als externe Effekte und externe Kosten bezeichnet, weil sie außerhalb der betriebswirtschaftlichen Kostenrechnung liegen. Da sie von der Allgemeinheit getragen werden, beispielsweise über die Kranken- und Unfallversicherungen oder über Steuergelder, ist auch der Begriff soziale Kosten gebräuchlich.

In der Literatur werden die Begriffe »externe Kosten« und »soziale Kosten« nicht einheitlich abgegrenzt. Häufig erfaßt man darunter alle die quantifizierbaren Kosten, die Dritte oder die Allgemeinheit zu tragen haben. Dazu werden von einzelnen Autoren auch die Kosten des Verzehrs an Energiereserven (soweit diese nicht als Nutzungskosten im Energiepreis enthalten sind) gerechnet, da diese Rohstoffe den nachfolgenden Generationen für ihr wirtschaftliches Handeln nicht mehr zur Verfügung stehen. Es ist sicherlich richtig, den Verbrauch von Energiereserven mit in solche Überlegungen einzubeziehen, denn fossile Energieträger, die verbrannt sind, sind im wahren Sinn des Wortes verbraucht[7]. Die Festsetzung von Kosten dafür wird jedoch kontrovers diskutiert. Man kann dafür z. B. die heutigen Kosten von Sonnen- oder Windenergie ansetzen, aber auch die wesentlich niedrigeren, die in Zukunft erwartet werden. Kosten für die Folgen von Klimaänderungen, die durch die gegenwärtigen Kohlendioxidemissionen verursacht werden, lassen sich überhaupt nicht angeben. Sie sind deshalb in keiner der bisher vorliegenden Studien berücksichtigt.

Der Begriff der sozialen Kosten wird auch im Zusammenhang mit der Nutzenbewertung von Energiesystemen verwendet, d. h. es wird versucht, die negativen Auswirkungen den positiven Auswirkungen für die Allgemeinheit vergleichend gegenüber zu stellen.

Wie in Kapitel 4 beschrieben wurden in der Vergangenheit, insbesondere im Bereich der Stromerzeugung, umfangreiche gesetzliche Auflagen zur Verminderung von Emissionen erlassen. Damit wurden die (betriebwirtschaftlichen) internen Kosten erhöht und die externen Kosten verringert; ein Teil der externen Kosten wurde also internalisiert.

Im wissenschaftlichen Schrifttum und in der Öffentlichkeit werden immer wieder die mit den noch verbleibenden Emissionen verbundenen Folgen sowie der

---

[7] Im Unterschied dazu werden mineralische Rohstoffe wie Eisen, Kupfer oder Aluminium zum großen Teil bereits rezykliert; der Rest bleibt (langfristig in Oxidform) auf der Erde und könnte prinzipiell wieder »eingesammelt« und nutzbar gemacht werden – allerdings nur mit erheblichem Energieaufwand.

Verbrauch an Energieressourcen diskutiert. So lag der Versuch nahe, die externen Kosten pro Energieeinheit auszurechnen.

Als erster Schritt einer Erfassung der externen Kosten müssen die Luftverunreinigungen und die daraus folgenden Gesundheits-, Material- und Vegetationsschäden sowie die Beeinträchtigungen der Arten und Biotope identifiziert und quantifiziert werden. In vielen Fällen ist die Zuordnung bestimmter Schäden zu einzelnen Verursachern nur sehr schwer oder gar nicht möglich. In der Praxis ist es bisher nicht gelungen, auch nur annähernd zufriedenstellende Ergebnisse hierzu zu erhalten. Dies liegt daran, daß die Ursache-Wirkungs-Beziehungen in der Natur und bei den gesundheitlichen Auswirkungen nicht oder nicht vollständig bekannt sind und nicht eindeutig zugeordnet werden können, außerdem müßten eine Vielzahl von Emissionen hinsichtlich ihrer Auswirkungen betrachtet werden. Wegen der Komplexität der Probleme liegen nur Einzeluntersuchungen, wie beispielsweise für Materialschäden an bestimmten Gebäuden als Folge der Luftverunreinigung vor.

In der Energiewirtschaft bekannt geworden sind die Untersuchungen von Hohmeyer, Fraunhofer-Institut für Systemanalyse und Innovationsforschung, Karlsruhe, und Friedrich et al., Universität Stuttgart. In diesen 1989 veröffentlichten Untersuchungen (s. VDI-Bericht 1991) wurden erstmalig externe Kosten pro erzeugte Kilowattstunde ausgerechnet.

Die Aussagen und zahlenmäßigen Ergebnisse der beiden Studien weichen erheblich voneinander ab. Während Hohmeyer für die konventionelle Elektrizitätserzeugung soziale Kosten im Bereich von 4,6 Pfg/kWh bis 26 Pfg/kWh und für die Kernenergie noch weit höhere errechnet, belaufen sich nach den Ergebnissen von Friedrich die quantifizierbaren externen Kosten der

Stromerzeugung aus Kohle auf maximal 4 Pfg/kWh, die der Kernenergie liegen noch darunter. Nach seinen Aussagen verschiebt sich auch die Reihenfolge der Energieträger hinsichtlich ihrer Energiepreise bei Berücksichtigung der externen Kosten derzeit nicht.

Die Unterschiede beruhen insbesondere auf der unterschiedlichen methodischen Vorgehensweise bei der Bewertung des Verzehrs von Energiereserven, auf unterschiedlichen Risikoannahmen für Kernkraftwerke und auf Unterschieden beim unterstellten kausalen Zusammenhang zwischen den Emissionen von Kohlekraftwerken und den daraus folgenden gesundheitlichen Auswirkungen.

In der 1991 veröffentlichten Neuauflage korrigierte Hohmeyer eine Reihe seiner Annahmen. Trotzdem liegen die Ergebnisse von Hohmeyer einerseits und Friedrich andererseits weiter auseinander als zuvor.

Wegen der vielen Unsicherheiten und der großen Bandbreite der Ergebnisse sind sie für eine konkrete Umsetzung in energiepolitische Steuerungselemente wie Abgaben etc. nicht verwendbar. Eine wichtige Aufgabe für die nächsten Jahre wird darin bestehen, Einvernehmen zu erzielen, welche externen Effekte überhaupt nach dem Stand des Wissens quantifizierbar sind und welcher methodische Weg dazu beschritten werden kann.

Neben den beschriebenen Untersuchungen zu einzelnen Techniken wird auch mehr generell versucht, die Inanspruchnahme der Umwelt in die volkswirtschaftliche Betrachtungsweise mit einzubeziehen. So wurden im Jahre 1990 die Arbeiten des Statistischen Bundesamtes für eine umweltökonomische Gesamtrechnung begonnen.

Es wird wohl noch einige Zeit dauern, bis belastbare Angaben über die externen Kosten der Energienutzung vorliegen, soweit überhaupt externe Effekte geldmäßig erfaßbar sein dürften.

In der Praxis werden aber externe Effekte der Energienutzung weiterhin dadurch internalisiert werden, daß seitens des Gesetzgebers der Weg beschritten wird, über Auflagen die Emission von Schadstoffen zu reduzieren.

Berechnungen des Instituts der deutschen Wirtschaft weisen einen Anteil zwischen rund 1,5 % und 1,9 % des Bruttosozialproduktes allein für die öffentlichen und privaten Ausgaben für Umweltschutz in den alten Bundesländern aus. An diesem Index gemessenen steht die Bundesrepublik nach Österreich international vor den Niederlanden, den USA und Japan sowie einer Reihe weiterer Länder weit vorne. Die oben beschriebene Internalisierung weiterer externer Kosten wird diesen Anteil noch erhöhen.

8 Verschiedene Energieträger im Vergleich

Nach den bisherigen Ausführungen stellt sich die Frage, welche Art der Energienutzung am umweltfreundlichsten – oder besser: am wenigsten umweltschädigend – ist. Solche Vergleiche sind nur mit Einschränkungen möglich; ihre Aussagekraft ist begrenzt.

Zunächst muß man sich dabei auf die gleiche Nutzungsart beschränken. Es hätte zum Beispiel keinen Sinn, die Umweltbelastungen bei Verbrennung von Dieselkraftstoff in einem Pkw-Motor mit der Verbrennung in einem Blockheizkraftwerk zu vergleichen, weil eine geeignete Bezugsbasis fehlt. Eine solche Bezugsbasis liegt aber z. B. bei der Stromerzeugung vor, wo man sich auf die erzeugten Kilowattstunden beziehen kann.

Ermittlung und Vergleich von Immissionswerten einzelner Anlagen anhand von Grenzwerten

Zunächst soll der Frage nachgegangen werden, welche Umweltbelastung in der Umgebung eines Standortes aufträte, wenn dort ein Kohle-, Öl-, Gas- oder Kernkraftwerk betrieben würde. Selbst bei dieser vereinfachten Fragestellung bleibt noch das Problem der Bewertung der unterschiedlichen Schadstoffe. Als einfachsten Ansatz kann man dafür die Immissionsgrenzwerte der TA Luft und die Grenzwerte der Strahlenschutzverordnung heranziehen, obwohl nicht sicher ist, daß die einzelnen Grenzwerte – die im Hinblick auf die Gesundheitsgefährdung von Menschen festgelegt worden sind – wirklich medizinisch gleichwertig sind.

Die durch eine einzelne Anlage verursachten Immissionen können nur in Einzelfällen direkt gemessen werden. In Ballungsgebieten gibt es z. B. so viele fossile Feuerungsanlagen, daß deren Immissionen sich überlagern und an einer beliebigen Meßstelle nicht bestimmt werden kann, aus welchen Quellen die gemessenen Schwefeldioxid- oder Stickoxid-Werte stammen. In anderen Fällen, z.B. bei kerntechnischen Anlagen, ist die Belastung so gering, daß sie meßtechnisch nicht mit genügender Genauigkeit erfaßt bzw. vom noch vorhandenen radioaktiven Niederschlag von früheren Kernwaffenversuchen unterschieden werden kann. Für Vergleichszwecke ist es notwendig, die Immissionswerte auf vergleichbare Weise zu bestimmen. Gemessen werden die Emissionen der Anlagen im Abgaskamin. Daraus lassen sich dann mit Hilfe einheitlicher Ausbreitungsrechnungen die Immissionen ermitteln.

Die Emissionswerte und die daraus ermittelten Strahlenbelastungen von Kernkraftwerken werden jährlich vom Bundesumweltministerium veröffentlicht, für fossile Anlagen gibt es noch keine entsprechenden Publikationen. Deshalb wird hier für Kohlekraftwerke davon ausgegangen, daß die Emissionsgrenzwerte der GFAVO für SO_2 und NO_x zu etwa 40 – 80 % ausgeschöpft werden. Um aus den Emissionen die Immissionen zu ermitteln, verwendet man Ausbreitungsmodelle, in die als Parameter vor allem die am Standort vorherrschenden

Wetterdaten sowie die Kaminhöhe eingehen. Das in der Strahlenschutzverordnung vorgeschriebene Modell für kerntechnische Anlagen ist wesentlich detaillierter als das der TA-Luft für fossile Feuerungen. Für Vergleichszwecke ist es jedoch erforderlich, das gleiche Modell zu verwenden. Mit dem Ausbreitungsmodell, wie es für die Ermittlung der Strahlenbelastung durch Kernkraftwerke vorgeschrieben ist, ergeben sich Werte für die Immissionsbelastungen durch Schwefeldioxid und Stickoxide, die zwischen 10 % und 70 % der Grenzwerte der TA Luft für die Jahresmittelwerte liegen. Die maximalen Strahlendosen durch Kernkraftwerke betragen 0,03 bis 1 % der Grenzwerte der Strahlenschutzverordnung. Die Strahlenbelastung durch Steinkohlekraftwerke liegt in der gleichen Größenordnung. Für Öl- und besonders Gaskraftwerke sind die Werte günstiger als für Kohle, jedoch wird Öl bei uns aus energiepolitischen Gründen nur noch marginal zur Stromerzeugung eingesetzt.

Bezogen auf die Immissions-Grenzwerte ist demnach die Umweltbelastung durch luftgetragene Schadstoffe bei Kohlekraftwerken 10 bis 2300 mal so hoch wie bei Kernkraftwerken. In beiden Fällen liegt sie unter den Grenzwerten. Dieser Vergleich gilt – wie bereits erwähnt – nur unter dem Vorbehalt der medizinischen Vergleichbarkeit der Grenzwerte und nur für die Bewohner in der Umgebung eines Kraftwerkes im bestimmungsgemäßen Betrieb.

Die Kette der Umweltbelastungen von der Versorgung bis zur Entsorgung

Bei den verschiedenen vor- und nachgeschalteten Prozessen treten ebenfalls Umweltbelastungen auf, jedoch teilweise an weit voneinander entfernten Stellen. Wenn man danach fragt, welche Umweltbelastungen insgesamt in der Gesellschaft – etwa durch die Stromerzeugung – stattfinden, muß dies berücksichtigt werden. Die wichtigsten Stufen sind:

- die Brennstoffgewinnung; bei Kohle und Uran im Tagebau oder Bergbau, bei Erdöl und Erdgas durch Förderanlagen an Land oder auf See, bei Biomasse deren Anbau;
- der Transport der Brennstoffe zu den Verbrauchern oder zu den Umwandlungsanlagen;
- der Betrieb der Umwandlungsanlagen (Kraftwerke, Raffinerien), wo Sekundärenergieträger (Strom, Fernwärme, Kraftstoffe, Heizöl) daraus hergestellt werden;
- die Gewinnung und Verarbeitung des Materials (z. B. Stahl, Aluminium, Glas, Beton) zum Bau der Umwandlungsanlagen;
- der Transport von Sekundärenergieträgern zu den Verbrauchern;
- die Umwandlung bei den Verbrauchern und schließlich
- die Entsorgung der Abfälle und der Anlagen.

Eine Quantifizierung der Umweltbelastungen ist bisher nur teilweise erfolgt und ein quantitativer Vergleich deshalb nicht möglich. Ein Teil der Stufen befindet sich außerhalb unserer Landesgrenzen (Teile der Brennstoffgewinnung und des Transports), der Stand der Technik ist in verschiedenen Ländern sehr unterschiedlich, bei manchen Verfahren liegen noch keine Erfahrungen über den großtechnischen Einsatz vor. Hinzu kommt, daß es generell nicht möglich ist, alle Umweltauswirkungen quantitativ zu erfassen und in eine Einheit umzurechnen, um sie so miteinander bewerten zu können.

Energie- und Materialbedarf für die Errichtung von Energieanlagen

Ein relativ gutes Zahlengerüst liegt für die Teilfragen vor, wieviel Energie und wieviel Material zur Errichtung von verschiedenen Anlagen der Energieerzeugung benötigt wird.

Die Ermittlung des Energiebedarfs zum Bau einer Anlage geschieht methodisch in gleicher Weise wie die Ermittlung des Materialbedarfs. Üblicherweise wird dazu die gesamte Prozeßkette zur Herstellung eines Bauteils der Energieanlage und dann für die Errichtung der Energieanlage selbst analysiert. Das Vorgehen verdeutlicht Abb. 46 am Beispiel einer Prozeßkettenanalyse für die Herstellung des Aluminiumanteils in einem thermischen Solarkollektor.

Bei der Prozeßkettenanalyse werden die in die Produktion eingehenden Materialien und/oder Endenergie-

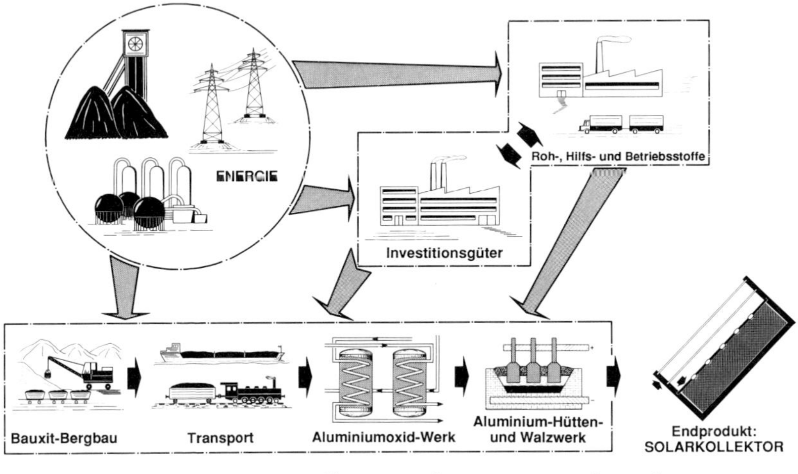

Abb. 46. Schema einer Prozeßkettenanalyse zur Ermittlung des Material- und Energiebedarfs zum Bau einer Energieanlage – dargestellt am Beispiel eines solarthermischen Flachkollektors.

Tabelle 14. Anhaltszahlen für die energetische Amortisationszeit von verschiedenen Energietechniken. Die energetische Amortisationszeit ist die Zeit, die die betrachtete Anlage genutzt werden muß, um die für ihre Herstellung verwendete Energie wieder einzuspielen.

	Energetische Amortisationszeit[c]	Erläuterung	Quelle
Stromerzeugung[a]			
Kohlekraftwerk	2 Monate		Wagner (1978)
LWR-Kraftwerk	2–4 Monate	Je nach Uranerzkonzentration und Anreicherungsverfahren	
Photovoltaik-Kraftwerk		Je nach jährlicher Zellenproduktion	Hagedorn (1989)
monokristalline Zellen	4–7 Jahre		
polykristalline Zellen	3–7 Jahre		
amorphe Zellen	2,5–5 Jahre		
Windenergieanlagen	5 Monate – 1 Jahr	Je nach Windangebot, Anlagengröße hat keinen wesentlichen Einfluß	Hagedorn und Ilmberger (1992)

Tabelle 14. Fortsetzung.

	Energetische Amortisationszeit[c]	Erläuterung	Quelle
Wärmeerzeugung[b]			
Fernwärmeversorgung mit Kraft-Wärme-Kopplung	3–6 Monate	Je nach Transportentfernung und Anschlußleistung	Wagner (1978)
Elektrische Wärmepumpe (Einfamilienhaus)	5–9 Monate	Bivalente bzw. monovalente Betriebsweise	Wagner (1978)
Solare Warmwasserbereitung	1,5 Jahre		
Verbesserte Wärmedämmung	2 Monate	Einfamilienhaus: Übergang Bauweise Mitte 70 auf Wärmeschutzverordnung 1978	Wagner und Turowski (1979)

[a] Nur die Kraftwerke, keine Verteilung. Der erzeugte Strom wird mit dem Primärenergieäquivalent bewertet. Photovoltaik und Windenergie: Standort Bundesrepublik.

[b] Die erzeugte Wärme wird primärenergetisch wie Wärme aus einer Ölheizung bewertet.

[c] Oft wird auch der Erntefaktor angegeben. Es gilt die Umrechnung: $\text{Erntefaktor} = \frac{\text{Lebensdauer der Anlage}}{\text{Energetische Amortisationszeit}}$

träger erfaßt. Da Endenergieträger unterschiedlichster Art und Qualität eingehen, feste, flüssige, gasförmige Brennstoffe und elektrischer Strom, müssen die Endenergieträger mit typischen Erzeugungsketten zurückgerechnet werden auf Primärenergieträger, deren Werte dann aufaddiert werden können. In der Praxis wird die Prozeßkettenanalyse dann abgebrochen, wenn durch die weiteren betrachteten Unterketten keine nennenswerten Beiträge mehr zu erwarten sind.

Die Angabe des Energiebedarfs zur Herstellung einer Anlage selbst sagt noch nicht viel aus. Dieser Wert wird deshalb ins Verhältnis gesetzt zu der Energiemenge, die die Anlage liefert, bzw. einsparen kann (Substitutionsprinzip). Dazu wird der Begriff der energetischen Amortisationszeit verwendet, das ist die Zeit, die eine Energieanlage in Betrieb sein muß, bis die von ihr erzeugte oder im Vergleich mit einer anderen Anlage eingesparte Energie genau so groß ist wie die Energiemenge zur Errichtung der Anlage und zur Herstellung ihrer Komponenten. Anzustreben ist deshalb, daß die Betriebsdauer der Anlage wesentlich größer ist als die energetische Amortisationszeit.

Tabelle 14 enhält Anhaltszahlen für die energetischen Amortisationszeiten zur Strom- und Wärmeerzeugung sowie für den Fall der verbesserten Wärmedämmung eines Einfamilienhauses.

Es zeigt sich, daß bei allen betrachteten Energieanlagen der Energieaufwand für die Errichtung der Anlage geringer ist als die Energie, die die Anlage erzeugt bzw. substituiert. Bedingt durch den hohen Energiebedarf zur Herstellung hochreinen Siliziums für Photovoltaikzellen ist die energetische Amortisationszeit für Photovoltaikkraftwerke bei weitem am längsten.

Häufig wird auch der Begriff »Erntefaktor« verwendet. Er gibt an, wie oft man von einer Anlage im

Laufe ihres Lebens die Energiemenge, die zur Errichtung dieser Anlage und zum Bau ihrer Komponenten erforderlich war, »ernten« kann. Wenn beispielsweise die Lebensdauer eines Windenergiekonverters zwanzig Jahre beträgt, dann besitzt er bei einer energetischen Amortisationszeit von einem Jahr einen Erntefaktor von zwanzig. Durch die Nutzung der Windenergie wird dann zwanzigmal soviel Energie zusätzlich bereitgestellt, wie für die Errichtung der Anlage erforderlich war, jeweils bezogen auf Primärenergie.

Der energetische Vergleich unterschiedlicher Energieanlagen hat den Gedanken des haushälterischen Umgangs mit Energie zum Hintergrund. Er ermöglicht die Beantwortung von Fragen wie

- Wieviel Energie steht letztendlich »netto« von der gewonnenen Primärenergie noch zur Verfügung?
- Wird durch die Nutzung von Kernbrennstoffen, Sonnenenergie und Umweltwärme tatsächlich die vorhandene Primärenergiebasis verbreitert oder nicht?

Der energetische Vergleich alleine ermöglicht noch keine Aussage über die Umweltbelastungen der unterschiedlichen Energieträger und Techniken.

Ein weiterer Teilvergleich ist der des Materialbedarfs für die Anlagen der Energieerzeugung. Erstmalig im Jahre 1982 wurde von Inhaber eine vergleichende Analyse für Anlagen der Stromerzeugung, basierend auf nordamerikanischen Anlagen, vorgelegt (Abb. 47). Gegenüber dieser Untersuchung ergeben neuere Analysen, z. B. von Jensch aus dem Jahre 1988 einen bis zu 30 % geringeren Materialbedarf für Windenergieanlagen pro erzeugtem Megawatt-Jahr Strom. Grund dafür sind die Fortschritte im Bau und in der Auslegung dieser Anla-

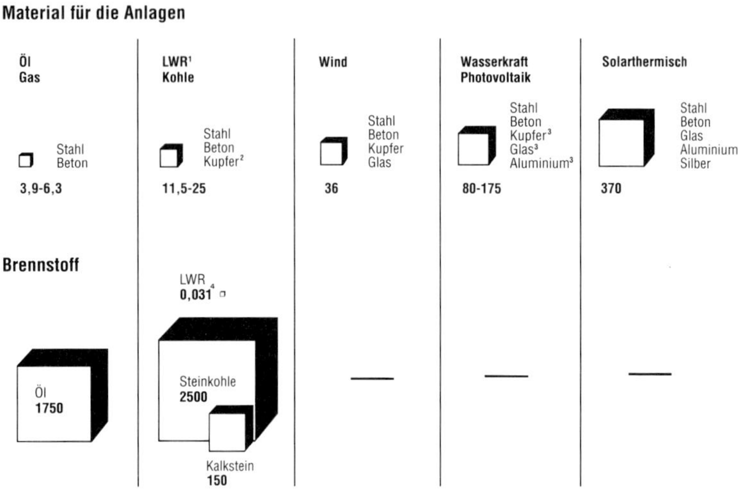

Abb. 47. Material- und Brennstoffbedarf für verschiedene Techniken zur Stromerzeugung in 1000 t/MWa, nach Inhaber. Gegenüber dieser Quelle ergibt die neuere deutsche Studie von Jensch für Windenergieanlagen einen bis zu 30 % geringeren Materialverbrauch infolge Effizienzsteigerung. [1] einschließlich Brennstofffabrik und Wiederaufbereitungsanlage; [2] nur bei Kohlekraftwerken; [3] nur bei Photovoltaik; [4] Reaktorbrennstoff, hergestellt aus 180 kg Natururan.

gen. Trotz dieser Unterschiede zeigt sich deutlich, daß der Materialbedarf für die Nutzung erneuerbarer Energien aufgrund der physikalisch bedingten geringen Leistungsdichten von Sonnenenergie und Windenergie nennenswert höher ist als der Materialbedarf für die Errichtung von Anlagen, die Öl, Gas, Kohle oder Kernbrennstoffe nutzen. Dafür sind aber die Brennstoffmengen, die Öl- und Kohlekraftwerke benötigen, größer.

Auch aus dem Vergleich des Materialbedarfs für unterschiedliche Energieerzeugungsanlagen lassen sich nur bedingt Rückschlüsse auf die Umweltbeeinträchtigungen durch die verschiedenen Energieträger ziehen. Dazu müßte erst eine Bewertung der benötigten Vormaterialien und Stoffe und der Herstellverfahren hinsichtlich ihrer Umweltrelevanz vorgenommen werden. Analysen dieser Art sind zwar begonnen worden, belastbare Werte liegen jedoch in der wissenschaftlichen Literatur noch nicht in der Form vor, daß sie einen Vergleich ermöglichen.

Vereinfachter Überblick über die Umweltbelastungen verschiedener Energieträger

Im folgenden wird ein vereinfachter Überblick über die Umweltbelastungen bei der Nutzung fossiler, nuklearer und regenerativer Energieträger gegeben. Dabei sind alle wichtigen Nutzungsarten (etwa auch Verkehr, Heizungsanlagen, industrielle Prozeßwärme) einbezogen und nicht nur die Stromerzeugung; es werden nicht nur luftgetragene Schadstoffe berücksichtigt, sondern auch Wasserverschmutzung und Flächenbedarf. Zunächst seien die wichtigsten grundlegenden Fakten dargestellt:

Bei der Förderung der fossilen Energieträger (Tagebau, Untertage-Bergbau, Offshore-Plattformen) gibt es Schadstoffbelastungen von Luft und Wasser, beim Transport dann durch Fahrzeug-Emissionen oder Lecks bzw. Tankfahrzeugunfälle. Der Flächenbedarf von Kohle-Tagebauen ist sehr groß; dabei wird das Grundwasser abgesenkt. Die Entsorgung fossiler Feuerungen erfolgt teils über die Kamine; aus den Rauchgas-Reinigungsanlagen müssen die Reststoffe auf Deponien (zum Teil als Sondermüll) entsorgt werden. Erdgas ist allerdings auf allen Stufen relativ umweltfreundlich, weil es keine Schwefelverbindungen enthält.

Während die Schadstoffe aus der fossilen Verbrennung im Prinzip weitestgehend zurückgehalten werden können, ist dies beim eigentlichen Verbrennungsprodukt, dem Kohlendioxid, nicht möglich (oder nur mit unvertretbar hohem Energieaufwand). Wegen des unterschiedlichen Gehalts an Wasserstoff unterscheiden sich die Primärenergieträger hinsichtlich der erzeugten CO_2-Mengen pro umgesetzter Tonne Energieeinheit.

Beim Kohlenbergbau, durch Öl- und Gasexplosion oder -brände, kommen Unfälle vor, die manchmal mehrere hundert Todesopfer zur Folge haben.

Beim Uran sind wegen seines hohen Energiegehalts nach der Brennstoffgewinnung nur geringe Mengen zu transportieren. Beim Uranerz-Abbau und der Erzaufbereitung können in der Umgebung älterer Anlagen nicht zu vernachlässigende Strahlenbelastungen durch natürliche Radioaktivität (vor allem durch Radon) auftreten. Da im Tagebau zum Teil Erze mit Urangehalten von nur 0,2 % gefördert werden, ist auch der Flächenbedarf in diesen Fällen beträchtlich.

Eine Möglichkeit der Umweltbelastung durch Kernenergie besteht darin, daß durch schwere Unfälle von Kernkraftwerken – wie 1986 in Tschernobyl – große Mengen an radioaktiven Spaltprodukten freigesetzt werden können. Strahlenfrühschäden mit tödlichem Ausgang sowie zusätzliche Krebsfälle und Erbschäden können die Folge sein. Bei Kernkraftwerken, die nach dem Standard der westlichen Industrieländer gebaut und betrieben werden, sind solche Unfälle zwar extrem unwahrscheinlich, aber sie können nicht mit absoluter Sicherheit ausgeschlossen werden. Dabei könnten auch größere Gebiete durch radioaktiven Niederschlag unbrauchbar werden.

Bei den regenerativen Energiequellen entfallen – bis auf die Biomasse – die Stufen Brennstoffgewinnung und

Transporte. Beim Anbau von Energiepflanzen als Monokulturen in Plantagen werden jedoch Dünge- und Schädlingsbekämpfungsmittel eingesetzt. Die Nutzung von Biomasse kann sehr unterschiedlich erfolgen: Bei der direkten Verbrennung etwa von Holz sind die Emissionen mit denen bei der Ölverbrennung vergleichbar; werden als Zwischenprodukt Alkohole (wie Ethanol, Methanol) erzeugt, sind sie meist geringer. Bei der Erdwärme-Nutzung enthalten die heißen Wässer oder Dämpfe, die der Erde entnommen werden, gelöste Schadstoffe, z.B. Schwefelwasserstoff (H_2S). Wegen der geringen Energiedichte der Sonneneinstrahlung und des Windes erstrecken sich die Auffanganlagen über große Flächen; der Materialbedarf dafür ist entsprechend hoch.

Bei der Verbrennung von Biomasse aus Plantagen wird zwar CO_2 freigesetzt, die gleiche Menge wird jedoch immer wieder in die Pflanzen der Plantagen eingebaut, so daß im Endeffekt kein zusätzlicher CO_2-Eintrag in die Atmosphäre erfolgt.

Durch Anlage von Stauseen zur Nutzung der Wasserkraft sind weltweit viele tausend Quadratkilometer unbewohnbar geworden, durch Dammbrüche ist es zu Überschwemmungen mit großen Zahlen von Todesfällen gekommen.

Das Ergebnis solcher Überlegungen ist in der Tabelle 15 dargestellt. Dieser Vergleich zeigt, daß jede Energienutzung direkt und/oder indirekt mit Umweltbelastungen verbunden ist; eine in dieser Hinsicht ideale Lösung gibt es nicht.

Derartige Vergleiche der Risiken von Energiesystemen, wie sie hier angedeutet werden, haben ihre Probleme, weil dabei immer zu fragen ist, ob nicht Unvergleichbares miteinander verglichen wird. Für die Bewertung von Energiesystemen kann aber auch nicht ganz darauf verzichtet werden.

Tabelle 15. Umweltbelastungen bei Gewinnung, Umwandlung und Nutzung verschiedener Energieträger. Der Vergleich ist vereinfacht, und man kann sicherlich über einzelne Bewertungen unterschiedlicher Meinung sein. Für die Bewertung von Energiesystemen kann aber auf Vergleichstabellen dieser Art nicht verzichtet werden.

	fossil			nuklear	regenerativ					
Primärenergieträger	Kohle	Erdöl	Erdgas	Uran	Wasserkraft	Solarthermik	Photovoltaik	Wind	Biomasse	Erdwärme
Brennstoffgewinnung[a]	+	+	- (+)	+					+	
Transporte[a]	+	+	-	(+)					+	
Flächenbedarf	+ + +	(+)	(+)	+	+ + +	+ +	+ +	+ +	+ +	+
Umwandlung in Sekundärenergieträger[a]	+ +	+ + (+)	(+)	(+)	-	-	-	-	+ + (+)	+ +
Material für Umwandlungsanlagen[a]	+	(+)	(+)	+	+ +	+ +	+ +	+ +	+	+
Umwandlung beim Verbraucher[a,b]	+ +	+ +	(+)	-	-	-	-	-	+	-
Entsorgung[a]	+ +	+ +	(+)	(+)	-	-	-	-	+ + -	+
Treibhauseffekt	+ +	+ +	+	-	-	-	-	-	-	-
schwere Unfälle möglich[c]	+	+	+	+	+	-	-	-	-	-

Dieser Vergleich dürfte plausibel machen, warum der Rat von Sachverständigen für Umweltfragen in seinem Sondergutachten »Energie und Umwelt« bereits 1981 zu folgenden Schlußfolgerungen kam:

- Unter umweltpolitischen Gesichtspunkten kann weder der Nutzung der Kohle noch der Kernenergie eine eindeutige Präferenz eingeräumt werden.
- Da jede der beiden Energiequellen Umweltbelastungen oder -gefährdungen mit sich bringen kann, eignet sich keine von ihnen zur massiven Ausdehnung des Energieangebotes.
- Auch die regenerativen Energiequellen sind nach dem derzeitigen Stand des Wissens ohne große Umweltbelastungen nicht in der Lage, Träger einer expansiven Angebotsstrategie zu werden.

Der beste Beitrag zur Verminderung der energiebedingten Umweltbelastungen ist demnach der sparsame und möglichst rationelle Umgang mit Energie, dem jedoch Grenzen gesetzt sind. Die Energiepreiserhöhungen seit 1973 haben bereits zu beträchtlichen Einsparungen geführt; das Einsparpotential ist jedoch noch nicht ausgeschöpft, und bei den seit 1986 wieder niedrigen Energiepreisen hat der Ansporn dazu nachgelassen.

\- keine, (+) sehr gering, + vorhanden, + + groß bzw. mit großem technischen Aufwand reduzierbar. Zwei Zeichen untereinander geben den Bereich für verschiedene Techniken an.

[a] Umweltbelastungen durch freigesetzte Schadstoffe.

[b] Bei Nutzung von Strom als Sekundärenergie keine Umweltbelastungen.

[c] Mit mindestens 100 Todesopfern.

9 Zusammenfassung und Ausblick

Deutschland ist mit fast 5 % am weltweiten Primärenergieverbrauch beteiligt. Der Energieverbrauch pro Kopf liegt im Mittelfeld vergleichbarer Industrienationen. Über 80 % des Energiebedarfs werden durch die fossilen Energieträger Kohle, Öl und Gas gedeckt. Die Struktur der Energieversorgung in den alten und neuen Bundesländern unterscheidet sich Anfang der neunziger Jahre noch sehr.

Mit der fossilen Energienutzung verknüpft ist die Emission verschiedener Luftschadstoffe wie Schwefeldioxid, Stickoxide, Stäube, Kohlenwasserstoffe sowie des Treibhausgases Kohlendioxid. Die Nutzung von Kernbrennstoffen führt zu radioaktiven Emissionen.

Der Gesetzgeber hat eine Vielzahl von Vorschriften für die Begrenzung von Emissionen und Immissionen zum Schutz von Gesundheit, Sachgütern und Umwelt erlassen, die in den alten Bundesländern bereits weitgehend umgesetzt sind. In den neuen Bundesländern gelten Übergangsfristen bis zum Ende dieses Jahrzehnts.

Durch die Vereinigung der beiden deutschen Staaten ist nochmals deutlich geworden, daß die alte Bundesrepublik bei der Reduzierung der Schadstoffemissionen aus der Energienutzung zu den Vorreitern gehört hat. Ein Vorreiter ist sie auch mit der Absicht, den Ausstoß des Treibhausgases Kohlendioxid in den nächsten Jahren zu vermindern. Mit einigen anderen Ländern zusammen strebt sie eine internationale Vereinbarung zur Begrenzung von Treibhausgas-Emissionen an.

Einzelne Energieträger – insbesondere Kernenergie – und fast alle Anlagen zur Bereitstellung von Energie werden von weiten Kreisen der Öffentlichkeit heute kaum noch akzeptiert. Dagegen wird der in der absehbaren Zukunft erreichbare Anteil von Wind- und Sonnenenergie an der Energieerzeugung häufig überschätzt.

In den Entwicklungsländern wächst die Bevölkerung in einem Maß, daß fast jeder wirtschaftliche Fortschritt auf eine zunehmende Zahl von Menschen aufgeteilt wird und der einzelne seine Situation kaum verbessert sieht. Diese Länder wollen sich industrialisieren, in unterschiedlichem Maß sind sie auch auf dem Weg dahin. Deshalb wird ihr Energieverbrauch weiter zunehmen, und dabei greifen sie vor allem auf fossile Energieträger zurück. Aus diesem Grund sind sie – verständlicherweise – ohne Gegenleistungen der Industrieländer nicht zu einer Begrenzung ihrer Emissionen von Treibhausgasen bereit. Ohne eine internationale Klimakonvention, an der die wichtigsten Entwicklungsländer beteiligt sind, wird es kaum gelingen, den Treibhauseffekt auf ein erträgliches Maß zu begrenzen.

Dies ist der übergeordnete Rahmen, in den sich die erörterten energiewirtschaftlichen und technischen Fakten einordnen müssen. Es stellt sich die Frage, welche Schlußfolgerungen daraus gezogen werden können. Darauf soll mit aller gebotenen Vorsicht eine Antwort gegeben werden:

Jede Energienutzung ist mit Umweltbelastungen verbunden, wobei sich die einzelnen Primärenergieträger und Umwandlungsprozesse beträchtlich unterscheiden. Die Auswirkungen der Umweltbelastungen gehen von Belästigungen (z.B. durch Staub und Gerüche) über mögliche Gesundheitsschädigungen, Schäden an Ökosystemen und Sachgütern bis zur Gefahr massiver Klimaänderungen auf der Erde. Ein einheitlicher Maßstab zum Vergleich existiert nicht.

Wegen des grenzüberschreitenden Transports der Schadstoffe sind international koordinierte Maßnahmen erforderlich, um weitere Erfolge bei der Verringerung der Schadstoffbelastung aus der Verbrennung fossiler Primärenergieträger zu erreichen.

Die Nutzung der Kernenergie verursacht zwar im bestimmungsgemäßen Betrieb nur sehr geringe Emissionen, es besteht jedoch eine sehr geringe Wahrscheinlichkeit für sehr schwere Unfälle.

Die meisten regenerativen Energien lassen sich ohne Schadstoffemissionen nutzen, jedoch wird für diese Anlagen verhältnismäßig viel Material benötigt, bei dessen Gewinnung und Verarbeitung ebenfalls Umweltbelastungen auftreten.

Ein bisher ungelöstes Problem ist der Beitrag des Kohlendioxids zum Treibhauseffekt. Die Minderung dieser Emissionen ist ungleich schwieriger als die der »normalen« Schadstoffe. Die Reduzierung der klimarelevanten Emissionen aus der Energieversorgung allein reicht nicht aus, um den Treibhauseffekt zu bewältigen. Auch die Bewältigung der Folgen von Klimaänderungen wird erforderlich sein.

Einzig ohne Umweltbelastung ist die Energie, die nicht gebraucht wird.

Sparsamer Umgang und rationelle Energieverwendung haben deshalb hohe Priorität. Die damit erzielbare Verminderung von Emissionen ist jedoch begrenzt - wenn auch diese Grenzen bei weitem noch nicht erreicht sind. Nullemission wird es deshalb nicht geben.

Bei aller Betonung der Umweltbelastungen durch die Energieumwandlung und den Energieverbrauch darf der Nutzen von Energie für die Gesellschaft insgesamt und für den einzelnen nicht außer acht gelassen werden.

Die Umweltbelastung ist nur ein wichtiges Kriterium für energiepolitische Entscheidungen; weitere Kriterien sind Versorgungssicherheit, technischer Entwicklungsstand, Wirtschaftlichkeit sowie politische und soziale Verträglichkeit, d. h. Akzeptanz. Eine Ideallösung gibt es nicht, alle Energieträger und Umwandlungstechniken haben Vor- und Nachteile. Deshalb kommt es darauf an, die Energieversorgung durch eine günstige Kombination von Versorgungssicherheit, Wirtschaftlichkeit, Sozialverträglichkeit und möglichst geringer Umweltbelastung zu sichern.

Anhang

13. Verordnung zur Durchführung des Bundes-Immissionsschutzgesetzes

(Verordnung über Großfeuerungsanlagen – 13. BlmSchV) vom 22. Juni 1983 (Auszüge)

Zweiter Teil. Anforderungen an Errichtung und Betrieb

Erster Abschnitt. Feuerungsanlagen für feste Brennstoffe

§ 3. Grenzwerte für staubförmige Emissionen

(1) Feuerungsanlagen für feste Brennstoffe sind so zu errichten und zu betreiben, daß die staubförmigen Emissionen im Abgas eine Massenkonzentration von 50 Milligramm je Kubikmeter Abgas nicht überschreiten . . .

(3) Die Massenkonzentration bezieht sich

1. bei Rostfeuerungen und Wirbelschichtfeuerungen auf einen Volumengehalt an Sauerstoff im Abgas von 7 vom Hundert,

2. bei Staubfeuerungen mit trockenem Ascheabzug auf einen Volumengehalt an Sauerstoff im Abgas von 6 vom Hundert,

3. bei Staubfeuerungen mit flüssigem Ascheabzug auf einen Volumengehalt an Sauerstoff im Abgas von 5 vom Hundert,

(4) Die Emissionsgrenzwerte nach den Absätzen 1 und 2 sind auch bei der Heizflächenreinigung einzuhalten.

§ 6. Grenzwerte für Schwefeloxide

(1) Feuerungsanlagen für feste Brennstoffe sind so zu errichten und zu betreiben, daß die Emissionen an Schwefeldioxid und Schwefeltrioxid im Abgas, angegeben als Schwefeldioxid und bezogen auf die in § 3 Abs. 3 angegebenen Volumengehalte an Sauerstoff im Abgas, eine Massenkonzentration von 400 Milligramm je Kubikmeter Abgas nicht überschreiten und ein Schwefelemissionsgrad von 15 vom Hundert nicht überschritten wird. Können die Anforderungen nach Satz 1 bei Einsatz von Brennstoffen mit besonders hohem oder stark schwankendem Schwefelgehalt nach dem Stand der Technik nicht erfüllt werden, so ist die Entschwefelungseinrichtung ständig mit der höchstmöglichen Abscheideleistung zu betreiben. Eine Massenkonzentration von höchstens 650 Milligramm je Kubikmeter Abgas darf nicht überschritten werden.

(2) Abweichend von Absatz 1 sind Feuerungsanlagen mit Rostfeuerungen oder Staubfeuerungen für Kohle mit einer Feuerungswärmeleistung von mehr als 100 Megawatt bis einschließlich 300 Megawatt so zu errichten und zu betreiben, daß die Emissionen an Schwefeldioxid und Schwefeltrioxid im Abgas, angegeben als Schwefeldioxid und bezogen auf die in § 3 Abs. 3 angegebenen Volumengehalte an Sauerstoff im Abgas, eine Massenkonzentration von 2000 Milligramm je Kubikmeter Abgas nicht überschreiten und ein Schwefelemissionsgrad von 40 vom hundert nicht überschritten wird.

(3) Abweichend von Absatz 1 sind Feuerungsanlagen mit Rostfeuerungen oder Staubfeuerungen für Kohle mit einer Feuerungswärmeleistung bis einschließlich 100 Megawatt so zu errichten und zu betreiben, daß die Emissionen an Schwefeldioxid und Schwefeltrioxid im

Abgas, angegeben als Schwefeldioxid und bezogen auf die in § 3 Abs. 3 angegebenen Volumengehalte an Sauerstoff im Abgas, eine Massenkonzentration von 2000 Milligramm je Kubikmeter Abgas nicht überschreiten.

(6) Eine Feuerungsanlage darf auch bei Ausfall der Einrichtung zur Verminderung der Schwefeldioxidemissionen weiterbetrieben werden, wenn die Ausfallzeit 72 aufeinanderfolgende Stunden und innerhalb eines Kalenderjahres insgesamt 240 Stunden nicht überschreitet; der Ausfall ist der zuständigen Behörde unverzüglich anzuzeigen. Anfahrzeiten, in denen das Doppelte des Emissionsgrenzwertes aus technischen Gründen nicht eingehalten werden kann, bleiben unberücksichtigt.

Dritter Teil. Anforderungen an Altanlagen

§ 20. Grenzwerte für Schwefeloxide

(1) Bei Altanlagen für feste oder flüssige Brennstoffe dürfen die Emissionen an Schwefeldioxid und Schwefeltrioxid im Abgas folgende Emissionsbegrenzungen nicht überschreiten:

1. bei Anlagen mit einer Feuerungswärmeleistung von mehr als 300 Megawatt und einer Restnutzung

a) von höchstens 10 000 Stunden, die Emissionsbegrenzung entsprechend der erteilten Genehmigung,

b) von mehr als 10 000 Stunden und höchstens 30000 Stunden, eine Massenkonzentration von 2500 Milligramm je Kubikmeter Abgas,

c) von mehr als 30 000 Stunden, die Emissionsbegrenzungen entsprechend § 6 Abs, 1 sowie § 11 Abs. 1 und 3;

2. bei Anlagen mit einer Feuerungswärmeleistung bis einschließlich 300 Megawatt und einer Restnutzung

a) von höchstens 10 000 Stunden, die Emissionsbegrenzung entsprechend der erteilten Genehmigung,

b) von mehr als 10000 Stunden, eine Massenkonzentration von 2500 Milligramm je Kubikmeter Abgas.

(2) Absatz 1 Nr. 1 Buchstabe a und b sowie Nr. 2 Buchstabe a gilt längstens bis zum 1. April 1993. Nach diesem Zeitpunkt finden für alle Altanlagen die Emissionsbegrenzungen nach Absatz 1 Nr. 1 Buchstabe c oder § 6 Abs . 2 Satz 1, Abs. 3 und 4 sowie § 11 Abs. 2 bis 4 Anwendung . . .

Sechster Teil. Schlußvorschriften

§ 36. Übergangsvorschriften

(1) Die vorbereiteten Maßnahmen zur Einhaltung der Anforderungen bei Altanlagen müssen unverzüglich eingeleitet werden.

(2) Die Anforderungen der §§ 21, 25, 26 und 29 sind nach Ablauf von zwei Jahren seit Inkrafttreten dieser Verordnung, die Anforderungen der §§ 17 bis 19 und des § 20 Abs. 1 nach Ablauf von fünf Jahren seit lnkrafttreten dieser Verordnung einzuhalten. Abweichend von Satz 1 sind die Anforderungen des § 20 Abs. 1 nach Ablauf von zwei Jahren seit Inkrafttreten der Verordnung einzuhalten, falls der Betreiber sich verpflichtet, den Emissionsgrenzwert ausschließlich durch den Einsatz eines entsprechenden Brennstoffs einzuhalten.

(3). Kann die Nachrüstung einer Altanlage. aus Gründen, die der Anlagenbetreiber nicht zu vertreten hat, vor Ablauf von fünf Jahren nach Inkrafttreten der Verordnung nicht abgeschlossen werden, so kann die zuständige Behörde eine Ausnahme zulassen; die Ausnahme ist zu befristen.

Bonn, den 22. Juni 1983

Der Bundeskanzler Dr. Helmut Kohl

Der Bundesminister des Innern Dr. Zimmermann

Quellenhinweise und weiterführende Literatur

Allgemeine Literatur

Council on Environment Quality (Hrsg) (1981) Global 2000. Der Bericht an den Präsidenten. Zweitausendeins, Frankfurt

Informationszentrale der Elektrizitätswirtschaft (Hrsg) Strom-THEMEN. Dokumente und Kommentare zur energiewirtschaftlichen und energiepolitischen Diskussion. IZE, 6000 Frankfurt/Main, Postfach 700561 (erscheint monatlich)

King A, Schneider B (1991) Die Globale Revolution. Ein Bericht des Rates des Club of Rome. Spiegel, Hamburg

Literatur zu Kapitel 2

Bundesministerium für Wirtschaft (1991) Energie Daten '90. Bonn

Eckerle K, Hofer P, Masur KP (1991) Die energiewirtschaftliche Entwicklung in der Bundesrepublik Deutschland bis zum Jahre 2010 unter Einbeziehung der fünf neuen Bundesländer. Untersuchung der PROGNOS – Europäisches Zentrum für angewandte Wirtschaftsforschung, im Auftrag des Bundesministeriums für Wirtschaft. Proj.Nr. 561/3720. Basel

Statistisches Bundesamt (Hrsg) (1991) Statistisches Jahrbuch 1991 für das vereinte Deutschland. Wiesbaden

Literatur zu Kapitel 3

Bundesministerium für Umwelt, Naturschutz und Reaktorsicherheit (Hrsg) (1987) Was Sie schon immer über Wasser und Umwelt wissen wollten, 2. Aufl. Kohlhammer, Stuttgart

Literatur zu Kapitel 4

Ahlheim K-H (Hrsg) (1989) Die Umwelt des Menschen, 3. Aufl. Meyers Lexikonverlag, Mannheim Wien Zürich

Baumbach G (1990) Luftreinhaltung. Springer, Berlin Heidelberg New York

Bayerisches Staatsministerium für Landesentwicklung und Umweltfragen (Hrsg) (1991) Strahlenschutz, Radioaktivität und Gesundheit. München

Bundesministerium für Umwelt, Naturschutz und Reaktorsicherheit (Hrsg) (1987) Auswirkungen der Luftverunreinigungen auf die menschliche Gesundheit. Bonn

Bundesministerium für Umwelt, Naturschutz und Reaktorsicherheit (Hrsg) (1987) Was Sie schon immer über Auto und Umwelt wissen wollten. 4. Aufl. Kohlhammer, Stuttgart

Bundesministerium für Umwelt, Naturschutz und Reaktorsicherheit (Hrsg) (1990) Umwelt '90 – Strahlenschutz, Reaktorsicherheit. Bonn

Der Bundesminister für Umwelt, Naturschutz und Reaktorsicherheit (Hrsg) (1986) Umweltradioaktiviät und Strahlenbelastung. Bonn (Jahresbericht 1986 und weitere Ausgben des seit 1968 jährlich erscheinenden Berichts)

Der Bundesminister für Umwelt, Naturschutz und Reaktorsicherheit (Hrsg) (1988) Vierter Immissionsschutzbericht der Bundesregierung, Bonn

Der Bundesminister für Umwelt, Naturschutz und Reaktorsicherheit (Hrsg) (1992) Fünfter Immissionsschutzbericht, Bonn

Fabian P (1989) Atmosphäre und Umwelt, 3. Aufl. Springer, Berlin Heidelberg New York

Fellenberg G (1990) Chemie der Umweltbelastung. Teubner, Stuttgart

Förster U (1990) Umweltschutztechnik. Springer, Berlin Heidelberg New York

Kiefer H, Koelzer W (1987) Strahlen und Strahlenschutz, 2. Aufl. Springer, Berlin Heidelberg New York

Likens G, Wright RF, Galloway JN, Butler TJ (1979) Saurer Regen. Spektrum der Wissenschaft, Dezember 1979: 72–78

Projektträgerschaft für Biologie, Ökologie und Energie der Kernforschungsanlage Jülich (Hrsg) (1987) Waldschäden. KFA Jülich

Umweltbundesamt (Hrsg) (1989) Was Sie schon immer über Luftreinhaltung wissen wollten. Kohlhammer, Stuttgart

Umweltbundesamt (Hrsg) (1989) Daten zur Umwelt 1988/89. Erich Schmidt, Berlin

Umweltbundesamt (Hrsg) (1992) Daten zur Umwelt 1990/91. Erich Schmidt, Berlin

Wilkens ET (1953) Air pollution and the London fog of december 1952. Royal Sanitary Inst 74: 1–15

Literatur zu Kapitel 5

Risse F, Jacobs J, vom Berg W, Puch KH (1991) Nebenprodukte aus Kohlenkraftwerken und Rückstände aus Müllverbrennungsanlagen in der Bundesrepublik Deutschland. VGB Kraftwerkstechnik 71: 504–508

Literatur zu Kapitel 6

Birnbaum KU, Pauls R, Wagner H-J, Walbeck M (1991) Berechnung sektoraler Kohlendioxidemissionen für die Bundesrepublik Deutschland. Berichte des Forschungszentrums Jülich 2530, Jülich

Borsch P, Düring K, Markewitz P, Wagner H-J (1992) Energieversorgung mit CO_2-Minimierung. In: Was wird aus unserem Klima? Bonn Aktuell, München

Enquete-Kommission »Vorsorge zum Schutz der Erdatmosphäre« des Deutschen Bundestages (Hrsg) (1990) Energie und Klima. Studienprogramm. Economica, Bonn, und C.F. Müller, Karlsruhe

Enquete-Kommission »Vorsorge zum Schutz der Erdatmosphäre« (Hrsg) (1990) Schutz der Erdatmosphäre: Eine internationale Herausforderung, Zwischenbericht, 3. Aufl. Economica, Bonn, und C.F. Müller, Karlsruhe

Enquete-Kommission »Vorsorge zum Schutz der Erdatmosphäre« (Hrsg) (1991) Schutz der Erde. Eine Bestandsaufnahme mit Vorschlägen zu einer neuen Energiepolitik. 2 Bde. Economica, Bonn, und C.F. Müller, Karlsruhe

Fischer W (1992) Die Klimapolitik der Staaten zwischen globaler Verantwortung und nationalen Interessen. Bonn Aktuell, München

Schönwiese C-D, Diekmann B (1987) Der Treibhauseffekt. Rowohlt, Reinbek

Literatur zu Kapitel 7

Verein Deutscher Ingenieure (Hrsg) (1991) Soziale Kosten der Energienutzung. (VDI-Bericht 927) VDI-Verlag, Düsseldorf

Literatur zu Kapitel 8

Energie und Umwelt. Schlußfolgerungen und Empfehlungen des Sondergutachtens des Rates von Sachverständigen für Umweltfragen; März 1981. In: Umweltbrief 23, Bundesminister des Innern, Bonn

Fritzsche AF (1988) Gesundheitsrisiken von Energieversorgungsanlagen. Verlag TÜV Rheinland, Köln

Hagedorn G (1989) Kumulierter Energieverbrauch und Erntefaktoren von Photovoltaik-Systemen. Energiewirtschaftliche Tagesfragen 39: 712–718

Hagedorn G, Ilmberger F (1992) Kumulierter Energieverbrauch und Erntefaktoren von Windkraftanlagen. Energiewirtschaftliche Tagesfragen 42: 42–51

Halbritter G et al (1982) Beitrag zu einer vergleichenden Umweltbelastungsanalyse am Beispiel der Strahlenexposition beim Einsatz von Kohle und Kernenergie zur Stromerzeugung. Bericht KfK 3266, Karlsruhe

Inhaber H (1982) Energy risk assessment. Gordon & Breach, New York London Paris

Jensch W (1988) Vergleich von Energieversorgungssystemen unterschiedlicher Zentralisierung. (IfE-Schriftenreihe, Heft 22) Resch, Gräfelfing

Wagner H-J (1978) Der Energieaufwand zum Bau und Betrieb ausgewählter Energieversorgungstechnologien. Berichte der Kernforschungsanlage Jülich, Jül-1561

Wagner H-J, Turowski R (1979) Energetische Analyse von Sonnenenergieanlagen, Wärmepumpen und verbesserter Wärmedämmung in Einfamilienhäusern. Forschungsbericht BMFT-FB7 79–101. Fachinformationszentrum Energie, Physik, Mathematik, 7514 Eggenstein-Leopoldshafen 2

Sachverzeichnis

Springer-Verlag und Umwelt

Als internationaler wissenschaftlicher Verlag sind wir uns unserer besonderen Verpflichtung der Umwelt gegenüber bewußt und beziehen umweltorientierte Grundsätze in Unternehmensentscheidungen mit ein.

Von unseren Geschäftspartnern (Druckereien, Papierfabriken, Verpackungsherstellern usw.) verlangen wir, daß sie sowohl beim Herstellungsprozeß selbst als auch beim Einsatz der zur Verwendung kommenden Materialien ökologische Gesichtspunkte berücksichtigen.

Das für dieses Buch verwendete Papier ist aus chlorfrei bzw. chlorarm hergestelltem Zellstoff gefertigt und im ph-Wert neutral.